JN023972

エンジニアを目指す人のための

「品質コラム」

和久井敦司

はじめに

本書は、エンジニアになったばかり、あるいはエンジニアを目指している人たちに向けて、エンジニアとして知っておいた方がよいことを《品質》を切り口にまとめたものです。

エンジニアにとって《品質》は切っても切れないものです。例えば、品質の良いものを作ることはもちろんですが、出来栄えの確認、不良が見つかったときの対処、工程や装置の工夫、品質改善など、すべてエンジニアの仕事です。もちろん、品質だけがエンジニアに求められることではありませんが、特に品質は関わりが強いと言えるでしょう。しかし、「品質とは？」と聞かれて、ひと言で答えることはできません。なぜなら、《品質の世界》にはとても多くの要素（概念、領域、手法、用語など）があり、それらが複雑に絡み合っているからです。

本書は、品質の世界をイメージする手助けになることを目的としています。《イメージの手助け》なので、言葉の定義や具体的な手法には触れず、広く浅く（でも本質は逃さず）分かりやすく書いています。見開き2ページで1テーマになっています。テーマは思いつくまま取り上げました。書かれていないテーマについては、ご自身で続きを作ってみてください。

序盤に〝品質〟のイメージを合わせるための説明、終盤にエンジニアに関する持論を載せています。中盤は、関連するテーマを緩くまとめて並べました。最初から読み進めるのもよし、気になるテーマを選んで読むのもよし。自由に《品質の世界》に触れてください。

目次

第一回　品質とは？

初回は、まず『品質』という言葉のイメージを合わせるために、品質とはどういうものなのかについて述べます。

皆さんは「品質」と聞いてどのようなことを思い浮かべますか？　おそらく、文字通り「品物の質」と感じる人が多いと思います。例えば、「品質が悪い」と聞くと不良品をイメージするのではないでしょうか。

しかし最近は、品物の質だけでなくもっと広い範囲の質という意味で『品質』という言葉を使います。例えば、サービスや情報などの質も〝品質〟です。つまり、英単語の『Quality』です。日本でも、最近は若い人が「クオリティ」という言葉を使います。私の子供たちも、よく「このゲーム、クオリティ高い」とか「このバーガー、クオリティ高い」と言います。しかし、彼らはゲームやハンバーガーが不良品ではないと言っているのではありませんね。「面白いゲームだ。展開や世界観やデザインが素晴らしい」「ハンバーガーが美味しくてボリューミー」と言っているのです。そういうものも全て〝品質〟です。

このコラムでは、分かり易さのために「製品品質（Product Quality）」の良し悪しを例にすることが多いですが、不良品の話だけではないことを知っておいてください。

次回は、「品質」の定義について述べます。

品質とは？

例えば、
『ハンバーガーの品質』とは？
・傷み具合（腐敗）、異物混入の有無など
…… これだけ？

『ハンバーガーのクオリティ』とは？
・味、ボリューム、栄養価、価格、見た目など
（衛生的且つ安全であることは当たり前）
・さらにハンバーガーショップであれば、メニューの内容、内装・外装、スタッフの対応、ＢＧＭ、クーポンなどもクオリティの一部

本コラムでは、「品質」を《品物の質》よりも広い、《**クオリティ**：Quality》の意味で用いる

第二回　品質の定義

今回は「品質（クオリティ）」の定義について述べます。と言っても、「こういう意味で使います」とか「こう使いなさい」ということではありません。品質に対する認識を合わせるための説明です。

「品質」の定義は、使われる文書や場面によっていろいろありますが、ここではISO9001で使われる用語《品質（Quality）》の定義を示します。用語の定義であるISO9000には、品質について以下のように記されています。

『品質　：　対象に本来備わっている特性の集まりが、要求事項を満たす程度』

少々堅苦しい言い方ですが、キーワードを拾うと、品質がどういうものなのかが見えてきます。そのキーワードとは、「対象」「特性」「要求」「程度」の4つです。品質について語る際には、この4つのキーワードを意識することが重要です。

【対象】何の品質か？　例えば、リンゴの品質、テレビの品質、飛行機の品質、などです。
【特性】どんな品質か？　例えば、動かない、動きが変、すぐ壊れる、使い難い、などです。
【要求】誰が求める品質か？　使う側と作る側など、立場によって品質の捉え方が違います。
【程度】どれくらいの品質か？　何を基準に品質の「良し悪し」を決めるかということです。

次回から、それぞれのキーワードについてもう少し詳しく説明します。

品質の定義

ISO9000（JIS Q 9000）の記述

品質（Quality）
対象に本来備わっている特性の集まりが、
要求事項を満たす程度

品質を語る際のキーワード
【対象】… 何の品質か？
【特性】… どんな品質か？
【要求】… 誰が求める品質か？
【程度】… どれくらいの品質か？

第三回　品質のキーワード「対象」

今回は、品質に関するキーワードの中の「対象」について少し詳しく述べます。

前に述べたように、ゲームとハンバーガーでは品質の意味が違います。自転車が1年で故障するのと飛行機が1年で故障するのとでは、同じ1年でも影響度がかなり違います。マグロでも、刺身とツナ缶では賞味期間が違いますね。このように、対象によって品質の意味が違うのです。ですので品質について語る際には、対象をはっきりさせることが重要です。当たり前のことと思うかも知れませんが、「当たり前」や「大前提」というのは実は勝手な思い込みで、人それぞれ違った考えを持っていることが案外多いのです。注意してください。

また、品質（クオリティ）は、お客様に提供する製品やサービスの質だけでなく、他にも様々なものがあります。例えば、

【仕事の質】物やサービスの質に加えて、コストや納期も問題になります。品質(Quality)／コスト(Cost)／納期(Delivery)の頭文字を取って、『ＱＣＤ』と言います。

【やり方の質】手法や手順・規約などの良し悪しです。プロセス品質と言います。

【経営の質】上記に加えて、育成・財務・戦略・倫理など、経営の良し悪しです。

興味がある方は、［ＱＣＤ］［プロセス品質］［経営品質］でＨＰを検索してみてください。

次回は、「特性」について述べます。

品質のキーワード「対象」

～ 何の品質か？ ～

対象物の違い

例えば、

「購入後１年で故障」

… 自転車と飛行機では影響がまるで違う

「マグロの賞味期間」

… お刺身とツナ缶では期間が大きく違う

対象範囲の違い

・お客様に提供する物やサービスの質

…「製品品質、サービス品質」

・仕事の質（品質、コスト、納期）

…「ＱＣＤ」

・やり方の質（手法、手順、規約など）

…「プロセス品質」

・経営の質（育成、財務、戦略、倫理など）

…「経営品質」

第四回　品質のキーワード「特性」

今回は、品質に関するキーワードの中の「特性」について少し詳しく述べます。

ひとくちに「品質が悪い」と言っても、その対象の特性によって様々な状態があります。例えば照明器具で考えてみましょう。

◇点かない（信頼性）　◇暗い（機能性）　◇使いにくい（使用性）　◇すぐ壊れる（耐久性）　◇消費電力が大きい（効率性）　◇特殊な電球しか使えない（互換性）　◇手入れが面倒（保守性）　◇格好悪い（デザイン性）　などなど。

これらは全てお客様の購買意欲に関わるものなので、安定していて且つ常に改善し続ける必要があります。つまり、全てが〝品質（クオリティ）〟です。このように、「品質が悪い」と言う場合には、具体的にどの特性が悪いのかを示すことが必要です。前回述べたように、ゲームであれば展開やデザインなど、ハンバーガーであれば味やボリュームなどです。

ちなみに〝品質〟という言葉は、不良の有無という意味の他に、機能性という特性に特化して「高機能か低機能か」という意味で使われることがあるので注意が必要です。例えば、今話題の5G通信は、実装されていること自体が〝高機能イコール高品質〟です。興味のある方は「物価指標　品質調整」で検索してみてください。「品質調整」の〝品質〟を不良品のことだと思って読むと、とても違和感があります。

次回は、「要求」について述べます。

品質のキーワード「特性」

～ どんな品質か？ ～

例えば、照明器具において「悪い品質」とは？

- 点かない … 信頼性
- 暗い … 機能性
- 使いにくい … 使用性
- すぐ壊れる … 耐久性
- 消費電力が大きい … 効率性
- 特殊な電球しか使えない … 互換性
- 手入れが面倒 … 保守性
- 格好悪い … デザイン性

などなど

第五回　品質のキーワード「要求」　その１（暗黙の要求、自らの要求）

今回は、品質に関するキーワードの中の「要求」について少し詳しく述べます。品質の良し悪しは、置かれた立場によって大きく違います。トイレを使っている人と扉の外で待っている人とでは、同じ時間でも感じ方が違いますね。あれと同じです。

そもそも品質は、製品やお客様によって求められる内容やレベルが違います。そこで、本来は契約する度に品質について合意する必要があります。しかし、要求には〝暗黙の要求〟（例えば、業界の標準や慣例、長年の付き合いなど）があり、これらも満足させなければなりません。そして、暗黙の要求は人や立場によって感じ方が違うので、時々再確認する必要があります。

また要求には、〝自らの要求〟すなわち作り手自身の要求も含みます。例えば、「歩留まり」は原価管理において重要な管理項目の一つですが、これはお客様にとってはどうでもいいことです。なぜなら、お客様にとって重要なのは納品物の品質であって、メーカー側で原価がいくらかかろうが興味がないからです。このように、お客様とメーカーとでは「品質」の内容が違うことが多いのです。品質改善に取り組む時、お客様にとっての品質なのか自分たちにとっての品質なのかによって、取り組み方が変わるのです。

次回も、「要求」についてもう少し説明します。

品質のキーワード「要求」

～ 誰が求める品質か？ ～

その１（暗黙の要求、自らの要求）

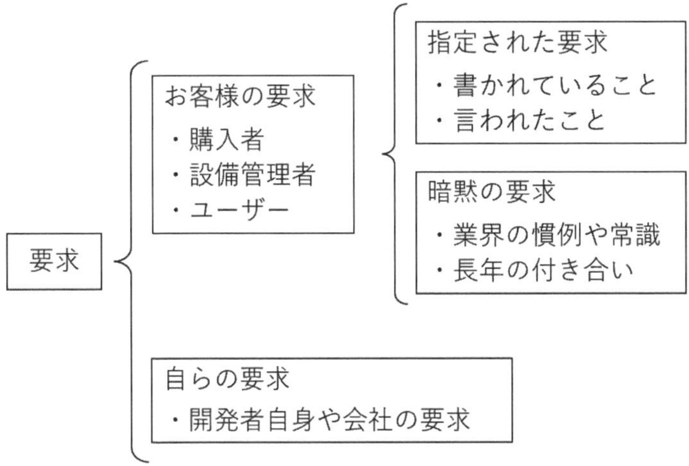

- 要求
  - お客様の要求
    - ・購入者
    - ・設備管理者
    - ・ユーザー
    - 指定された要求
      - ・書かれていること
      - ・言われたこと
    - 暗黙の要求
      - ・業界の慣例や常識
      - ・長年の付き合い
  - 自らの要求
    - ・開発者自身や会社の要求

第六回　品質のキーワード「要求」　その２（当たり前品質、魅力的品質）

前回に引き続いて、品質のキーワード「要求」についてもう少し述べます。

暗黙の要求に関わる品質の考え方として〝当たり前品質〟と〝魅力的品質〟があります。

「当たり前品質」は、満たしていてもそれほど嬉しくないが、満たしていないと不満を感じる品質です。すなわち、〝満たしていて当然〟の品質です。

「魅力的品質」は、満たしていなくても不満を感じないが、満たしていると嬉しい品質です。すなわち、〝予想を超えてすごい〟品質です。「感動品質」とも言います。

当たり前品質は、顧客満足に大きく影響します。悪化すると再購入（リピート）の意欲が低下します。例えば、信頼性が低いと再受注が難しいですね。

一方、魅力的品質は、新たな購買意欲に大きく影響します。魅力的品質が大きいと、新たな受注を得るチャンスが増えます。例えば、ＱＣＤのＤ（納期）が予想を超えて短いことは、受注増につながります。

このように、ひとくちに「品質改善」と言っても、何を狙うのかによって取るべき対策は違います。当たり前の品質を目指すのと、感動するほど魅力的な品質を目指すのとでは、取り組み方がまるで違うのです。そして、現代の潮流は「いかに付加価値を高めるか」、すなわち〝魅力的品質〟です。

次回は、「程度」について述べます。

品質のキーワード「要求」

～ 誰が求める品質か？ ～

その２（当たり前品質、魅力的品質）

	満たしていると..	満たしていないと..
当たり前品質	さほど嬉しくない （満たして当然）	不満を感じる ⇒購入意欲ダウン
魅力的品質	とても嬉しい ⇒購入意欲アップ	さほど不満はない

第七回　品質のキーワード「程度」

今回は、品質に関するキーワードの中の「程度」について述べます。

〝程度〟とは「どれだけ？」ということです。つまり、測定することを意味します。「品質が悪い」と言うときは、どれだけ悪いのかを示さなければなりません。そして品質改善では、どこを目指すのかを示さなければなりません。そのときに必要なのがデータであり、データは測定して記録しなければ得られないのです。

道に迷ったときに地図があれば助かりますね。しかし、今どこにいるかが分からなければ地図は役に立ちません。また、地図に目的地が示されていなければ、どの道を行けばよいのか分かりません。現在の座標と目的地の座標が分からなければ前に進めないのです。品質改善も同じことです。品質改善は測ることから始めなければなりません。

何か問題があった場合には、今の状態を正しく知ることが必要です。病院では、血液検査の数値などを見て治療方針を決めます。例えば、糖尿病の場合、血糖値やHbA1cの値によって、食事・運動療法、投薬、インシュリン投与と治療内容が変わってきます。

重要なのは「何を測るか？　いつ測るか？」です。それは、改善したいこと、悪いと困ること、日々大切にしている考え方、社内システム、習慣などによって変わります。大切なのは、その場限りの思いつきではなく、長期的な視野に立って体系的且つ継続的に測定し続けることです。

品質のキーワード「程度」

～ どれくらいの品質か？ ～

今、どれくらいの品質なのか？
これから、どれくらいの品質を目指すのか？

データがなければ、今どこにいるか分からない。
目的地が分からなければ身動きが取れない。

地図があっても、現在地と目的地が分からなければ
前に進めない。無理に動けば遭難する危険も。

第八回　品質管理　その１（２つの〝管理〟）

前回まで〝品質〟について述べてきましたが、今回は〝管理〟について述べます。

「管理」の定義も様々ありますが、大別すると次の２つの意味です。

◇基準から外れないように制御すること　：　Control（コントロール）
◇事が円滑に運ぶように統括すること　：　Management（マネジメント）

ピクミン（※１）を例にすると、ピクミンをチャッピーの頭にめがけて投げたり、ダマグモに取りつかせる際のスティックさばきがコントロールです。また、壁を壊すピクミンと橋を作るピクミンを振り分けて作業させるのがマネジメントです。

同じように品質管理も「品質コントロール(Quality Control)」と「品質マネジメント(Quality Management)」の２つがあります。頭文字を取って「ＱＣ」「ＱＭ」と言います。

ＱＣの代表は「管理図」です。これは、製造物の特性（寸法など）を継続的に測定し、ばらつきの変化を図で表す手法です。基準値を超えた場合や、ばらつき方が上昇したり規則性が見られる場合に、「何かがおかしい」と判断して工場を一時停めて点検します。つまり、品質特性が基準から外れないようにコントロールするわけです。

ＱＭの代表は、品質保証（ＱＡ：Quality Assurance）です。これは、品質を保証するために必要な証拠を提供する取り組みです。その代表がISO9001です。

（※１）2001年に任天堂より発売されたテレビゲーム用ソフト

品質管理
その１（２つの管理）

《コントロール》：基準から外れないように制御する

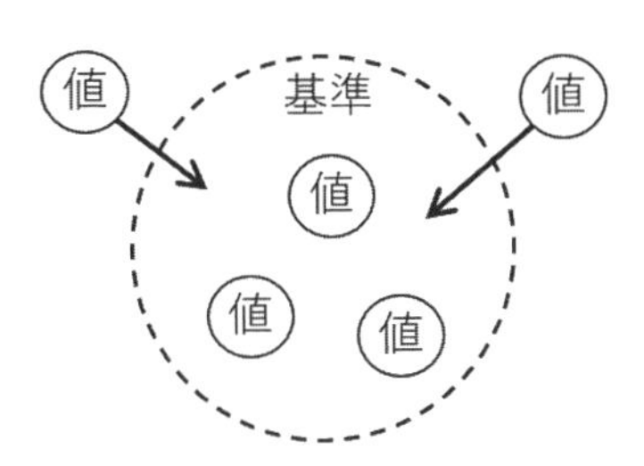

《マネジメント》：事が円滑に運ぶように統括する

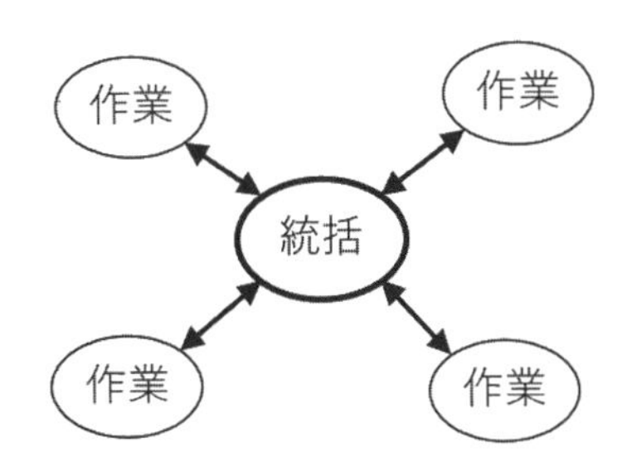

《品質管理》も２つある
- 品質コントロール（ＱＣ）
- 品質マネジメント（ＱＭ）

第九回　品質管理　その２（全体最適）

前回に引き続き、ＱＣとＱＭについて述べます。

ＱＣは、第二次世界大戦後の高度成長期に日本で急速に広がりました。ＱＭはＱＣよりも新しい考え方ですが、今でも昔からの町工場などではＱＣの方が馴染み深いようです。ＱＭは品質に関する活動の概念（考え方）ですが、ＱＣは具体的な手法などでよく目にします。「ＱＣサークル」や「ＱＣ７つ道具」などです。これについては、様々な解説サイトがあるので、興味のある方は検索してみてください。

ＱＣは、個々の製品や現場など局所的な〃部分最適〃を目指します。これに対してＱＭは、総合的な〃全体最適〃を目指すものです。一般的に「部分最適を集めても全体最適にはならない」と言われています。例えば、設計者にとって最適なシステムと、製造者にとって最適なシステムを連結しても、互いに足を引っ張り合ってうまく動かないことがあります。全体最適とは、それぞれにとっては最適でなくても、全体の結果が最適になることを目指すことです。これは経営ですね。ＱＭは品質経営なのです。

組織のＱＭ（品質マネジメント）の仕組み、具体的には、ルール、やり方、システム、帳票、慣習などの総称を『ＱＭＳ（品質マネジメントシステム）』と言います。ISO9001 の審査では、審査対象のＱＭＳが ISO9001 の内容を満たしているかを確認します。ISO9001 については、後日説明します。

品質管理
その２（全体最適）

《部分最適》局所的な範囲内で最適

《全体最適》全体として最適

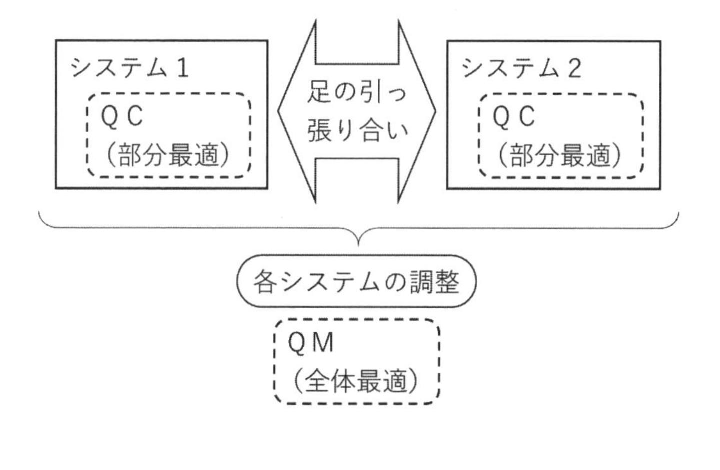

第一〇回　ＱＣ工程表

不良品を出荷しないためには、出荷前検査で取り除くだけでなく、途中の工程で品質の悪いものを次の工程へ渡さないことが重要です。例えば、「設計部門から製造部門へ間違った設計図を渡さないように、設計責任者が確認する」「不良品を使わないように受入検査する」などです。この〝各工程において決められたことをキッチリ行う〟ことを『品質を作り込む』と言います。不良を取り除くのではなく、良い品質を作り込むという発想です。

〝品質を作り込むための取り組み〟を一覧にしたものが『ＱＣ工程表』です。一般的に、縦方向に『工程』、横方向に『管理内容』を書いた表です。工程が複雑になると、作業の流れをフローチャートで示すこともあるので『ＱＣ工程図』と言うこともあります。

ＱＣ工程表と手順書は違います。ＱＣ工程表は品質を作り込むために各工程で行う作業の一覧で、品質に関する決め事の頂点です。手順書は、その具体的なやり方です。いわば、ＱＣ工程表が〝憲法〟、手順書が〝一般の法律〟です。また、ＱＣ工程表は、各工程で用いる手順書の名前を記述するので、手順書の目次とも言えます。

ＱＣ工程表は、各工程で行う品質管理の一覧なので「ＱＣ（部分最適）の寄せ集め」と言えますが、一覧にすることでＱＭ（全体最適）的な見方が可能になります。例えば「この工程で作り込んだ不良は、この工程で取り除こう」「この工程で不良を見つけるために、前の工程でこうしよう」などです。

ＱＣ工程表

各工程において定められたことをキッチリ行うことを『品質を作り込む』と言う。

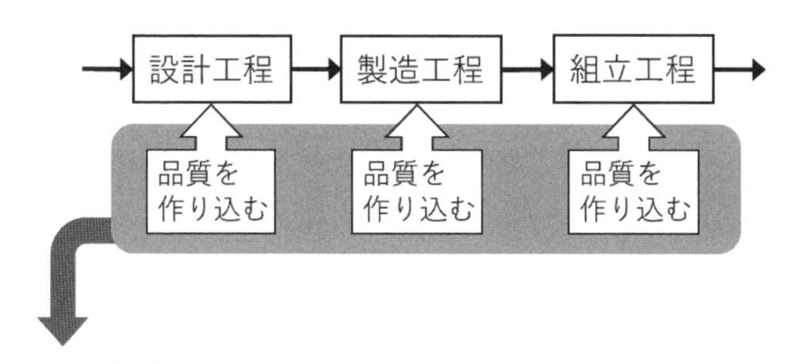

ＱＣ工程表

	管理内容 （計測項目、確認内容、基準など）	関連文書 （手順書名など）
設計工程		
製造工程		
組立工程		

第一一回　ISO9001とは

ISO（アイ・エス・オー）9001は、ＩＳＯ（国際標準化機構）が定めた国際規格です。ＩＳＯは多種多様な規格を定めていますが、ISO9001は「マネジメント規格」と呼ばれる規格の一つです。〝マネジメント〟は前に述べましたね。マネジメント規格はその規格、つまり「事が円滑に運ぶように統括する」ための規格で、ISO9001は品質をマネジメントするための規格です。マネジメント規格には他にISO14001（環境）やISO27001（情報セキュリテイ）などがあります。規格に沿っていることを公の審査機関に認められることを「認証」と言い、認証を得ていることが取引条件になることがあります。規格と言っても、管理のやり方を定めているのではありません。〝管理すべき項目〟を定めているだけで、やり方は自分たちで決められる（決めなければならない）のです。実例を示します。以下は、文書に関するISO9001の条文の一部です。

7.5.2 作成及び更新

文書化した情報を作成及び更新する際、組織は、次の事項を確実にしなければならない.

a）適切な識別及び記述（例えば、タイトル、日付、作成者、参照番号）

b）適切な形式（例えば、紙、電子媒体）

c）適切性及び妥当性に関する、適切なレビュー及び承認

ここで「適切な」とは、「自分たち（及びその先にいるお客様）にとって適切な」という意味であり、万人にとっての適切を求めているのではありません。管理の内容やレベルは製品やお客様によって異なるため、何が適切かは当事者でなければ分からないからです。

ISO9001とは

ISO9001とは、ＩＳＯ（国際標準化機構）が定めた、品質管理（品質マネジメント）に関する国際規格。
日本語に翻訳され、ＪＩＳ（日本工業規格）の一つになっている。……「JIS Q 9001」

管理すべき項目を定めたものであり、管理のやり方は示していない。
各項目について、自分たちにとって適切なやり方を、自分たちで決めなければならない。

第一二回　ISO9001認証の意味

ISO9001はＱＭＳ（品質マネジメントシステム）の国際規格ですが、具体的な管理のやり方は示していません。管理しなければならない項目を示しているのです。そして、それらについて、当事者にとって適切なやり方を定めて、それを守るように求めています。

ISO9001は「品質管理の仕組みを持ちなさい」と言っているのであって、「高度な管理をしなさい」と言っているのではありません。しかし、多くの会社は、「レベルが低いと不合格になる」という心配や、「審査員に見せて恥ずかしくないもの」という見栄を抱き、自分たちの能力を超える高度な管理を目指してしまいがちです。

ＱＭＳは、身の丈に合ったものにすることが大切です。そうでないと長続きしません。仮に認証を得られたとしても、その後で悲惨な目に合います。成長を目指すことは大切です。しかし、いきなり高い所を目指すのは挫折のもとです。頑張れば到達できるレベルから初めて、少しずつレベルアップしていくことが重要です。

ISO9001を取得したということは、管理の仕組みを持っていると認められたのであって、その仕組みが優れていると認められたわけではありません。「当社はISO9001認証を得ています」と公言することは、「品質管理の〝最低限〟の仕組みを持っています」と言っているに過ぎません。重要なのはISO9001の認証を得ることではなく、それをもとに品質を改善し続けることです。ISO9001は、ＱＭＳを継続的に改善する仕組みも求めているのです。

ISO9001認証の意味

ISO9001は「品質管理の仕組み」を求めているだけ。
高度な管理を求めているのではない。
求めているのは、
　①管理すべき項目を網羅していること
　②自分たちにとって適切なやり方を決めること
　③決めたやり方を守ること

ISO9001認証とは、品質管理の仕組みを持っていると認められたのであって、その仕組みが優れていると認められたわけではない。

重要なのは、管理の仕組みを常に改善し続けること。
ISO9001が求める管理項目の中には、継続的に仕組みを改善するための項目もある。

第一三回　品質マネジメントの原則　その1

IS09001:2015は、QMS（品質マネジメントシステム）に対して、次の7つの原則を守るように求めています。QMSを構築して実施するときのガイドラインです。

①顧客重視　②リーダーシップ　③人々の積極的参加　④プロセスアプローチ
⑤改善　⑥客観的事実に基づく意思決定　⑦関係性管理

以下、これらについて少し詳しく述べます。

IS09001が作られた目的は、〃お客様の要求を満たす〃ことです。これが【顧客重視】です。しかし、お客様のことを考えるだけでは企業は存続できません。社員が意欲的に働くことも必要です。これが【人々の積極的参加】です。また、下請業者との共存共栄も目指さなくてはなりません。これが【関係性管理】です。そして、これらがバランス良く進むように、方向を示して環境を整えるのが【リーダーシップ】です。お客様、会社、社員、下請業者、すべてが幸せになることをIS09001は意図しているのです。

昔からCS（顧客満足）の重要性が言われていますが、ES（従業員満足）、PS（パートナー満足）も重要なのです。また、最近ではSS（社会満足）も言われ始めています。SSは7原則に入っていませんが、要求事項の所々にその意図が見られます。会社の存在意義は、利益を追求することだけでなく、お客様の満足、下請業者も含めた働く人々の満足、社会の満足（社会への貢献）も含まれる。IS09001はそう言っているのです。

残りの3つの原則については、次回説明します。

品質マネジメントの原則　その１

- **顧客重視**
- **人々の積極的参加**
- **関係性管理**
- **リーダーシップ**
- 改善
- プロセスアプローチ
- 客観的事実に基づく意思決定

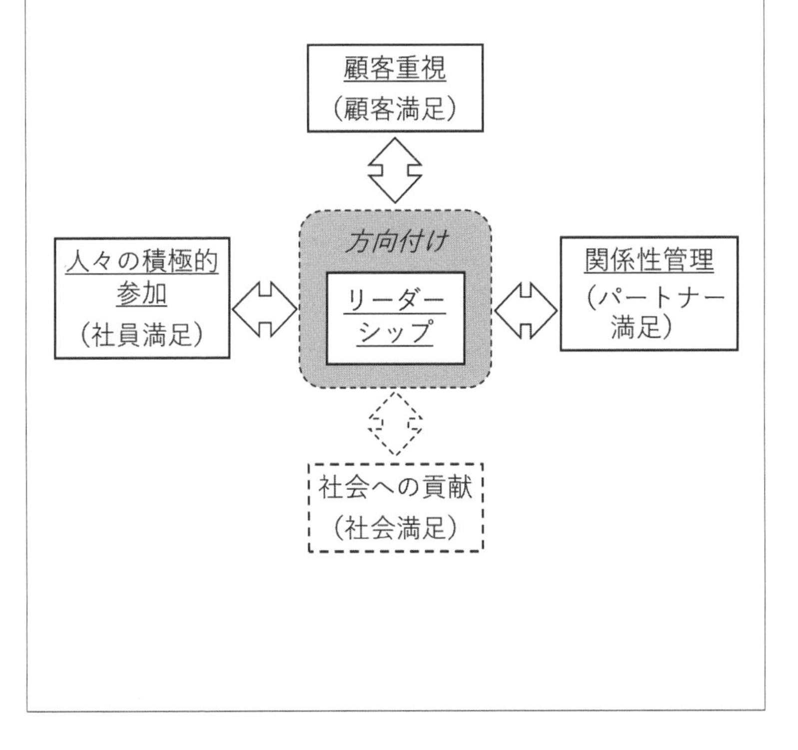

第一四回　品質マネジメントの原則　その2

ISO9001は、ルールを守るだけでなく、結果を良くしていくために継続的にルールを見直すことも求めています。これが【改善】です。それは〝作業のやり方〟を見直すことを意図しています。これが【プロセスアプローチ】です。さらに原因の判断や対策の決定は、推測や憶測ではなく事実に基づいて行うことが大切です。これが【客観的事実に基づく意思決定】です。

以下、それぞれについて、もう少し詳しく説明します。

改善には、コツコツと少しずつ行うことと、段階的に大きく変えることの2つがあります。コツコツ続けていると、大胆に変えるアイデアが突然浮かぶと言われています。ちなみに、ISO9001規格も数年おきにモデルチェンジしています。1987年の初版発行後、1994, 2000, 2008, 2015年に改訂されています。そろそろ、また改訂されるはずです。

プロセスを考える時は、チェーン構造（順序）と階層構造（分解&結合）を意識することが必要です。料理に例えると、［下ごしらえ］→［調理］→［盛り付け］の順番がチェーン構造です。また、［調理］を、［加熱］と［味付け］に分解するのが階層構造です。改善の際には、作業を細かく分解して、どの作業に問題があるのかを調べ、順序や内容を変更することが大切です。

「客観的事実に基づく意思決定」は、以前は「データに基づく意思決定」でしたが、データは捻じ曲げて解釈される恐れがあるので〝客観的事実〟に変えられたのだと思います。

品質マネジメントの原則　その２

・顧客重視
・人々の積極的参加
・関係性管理
・リーダーシップ
・改善
・プロセスアプローチ
・客観的事実に基づく意思決定

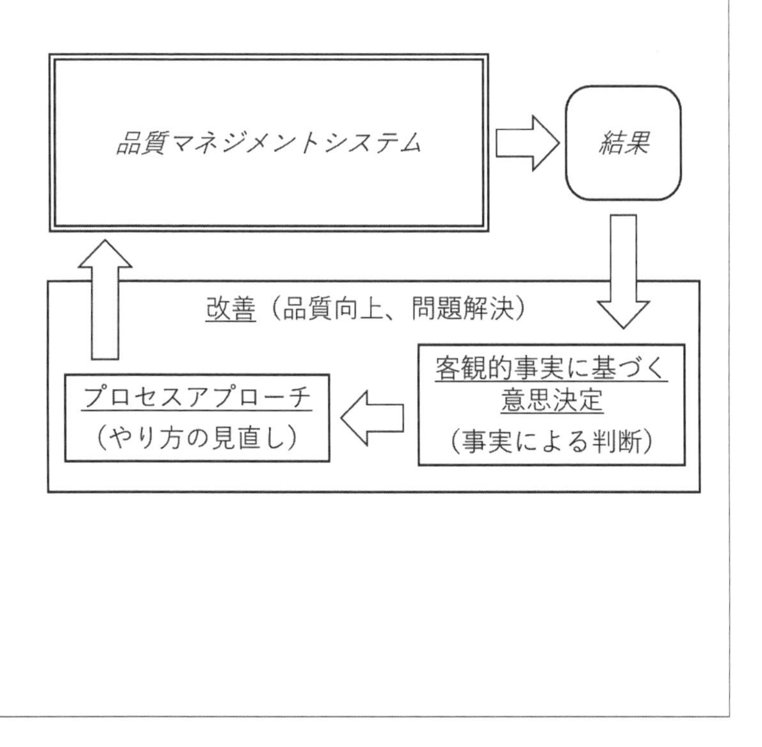

第一五回　５Ｓとは

今回はISO9001から少し離れて、日本発祥の取り組みについて述べます。工事現場や工場などでよく見かける「５Ｓ運動」についてです。

５Ｓとは、整理、整頓、清掃、清潔、躾のことです。一見作業環境のことに見えますが、効率・安全・さらに企業体質にも関わる、とても奥が深いものです。もちろん品質にも関係します。

《整理》とは、必要なものを残して不要なものを捨てることです。「使うもの」「使えるが使わないもの」「使えないもの」を区別して、使うものだけを残すことが重要です。

《整頓》とは、モノを探しやすく戻しやすいように配置して、〝探す〟というムダな時間を無くすことです。「誰でも、いつでも」という視点が重要です。

《清掃》とは、ゴミを掃き出し清めること、つまり、掃除や点検のことです。これには、物理的なこと以外に、手順の確認や、行い（人間性）を正すことも含みます。

《清潔》とは、整理・整頓・清掃ができている状態を保つこと、つまり、それらを監視して正すことです。「なぜしないのか」「なぜできないのか」を繰り返すことが重要です。

《躾》とは、整理・整頓・清掃・清潔が、言われなくても自然に行われるようにすることです。子供の躾と同じように、日々〝躾ける〟ことが重要です。

５Ｓは日本のＱＣ活動の根幹であり、多くの物作り現場で取り組まれてきました。一部に形骸化も見られるようですが、今では海外からも大きく注目されています。例えば、JICA海外協力隊に寄せられる品質管理の協力要請の多くが５Ｓの指導です。

５Ｓとは

◆ 整理（Seiri）
不要なものを捨てること

◆ 整頓（Seiton）
探しやすく戻しやすいように配置すること

◆ 清掃（Seisou）
掃除や点検を行うこと

◆ 清潔（Seiketsu）
整理・整頓・清掃ができている状態を保つこと

◆ 躾　（Shitsuke）
整理・整頓・清掃・清潔が、自然に行われるようにすること

第一六回　５Ｓを阻むもの

今回は５Ｓが進まない理由、特に《整理》《整頓》《清掃》ができない理由を考えてみましょう。「片付けられない」「きれいにしておけない」はなぜ起きるのでしょうか？

その原因は、先送り、逃避、依存という体質にあると私は考えています。例を挙げます。

【先送り】「時間があるときにやろう」「とりあえず……」

【逃避】「見なかったことにしよう」「忙しいから……」

【依存】「誰かがやるだろう」「誰もやらないなら自分も……」

これを無くすには、「気づいたら直ぐにやる」「問題を全員で共有する」「人は人、自分は自分と考える」ことが必要です。これらは、個人の心がけだけでなく組織として取り組むことも重要です。実はこれらは５Ｓに限ったことではなく、品質管理や組織運営においても共通の問題であり、組織運営に関してはすでに様々な取り組みが研究されています。例えば、

〈先送り対策〉↓プロセスフローの整備

〈逃避対策〉↓問題の見える化

〈依存対策〉↓責任と権限の明確化、動機付け

などです。これらを整備して取り組めば、５Ｓもうまくいくでしょう。

『個人の心がけ』と『組織としての取り組み』はどちらも大切なのです。

５Ｓを阻むもの

【先送り体質】

・時間があるときに…

・とりあえず…

【逃避体質】

・見なかったことに…

・忙しいから…

【依存体質】

・誰かがやるだろう…

・誰もやらないなら自分も…

これらを無くすには、

《個人の心がけ》と《組織の取り組み》の両方必要

第一七回　ムダ、ムリ、ムラ

物づくりに限らず様々な場面において、よく「3M（ムダ、ムリ、ムラ）を無くせ」と言われます。エンジニアにとっても非常に重要なことですが、誤解している人もいるので少し解説します。

ムダ・ムリと聞くと、「やっても無駄」「できるわけない（無理）」のように、少しネガティブなイメージを持つ人がいるかも知れませんが、まったく違います。

『ムダを無くす』とは、「無意味なことをやらない、不要な物を持たない／作らない」ということです。『ムリを無くす』とは、「面倒なやり方をしない、効率的な方法でやる」ということです。つまり、『ムダ、ムリを無くす』とは、「意味があることを効率的に行う」という、とてもポジティブ且つアクティブなことなのです。意味のないことを一生懸命行うことほど愚かなことはありません。「この作業は本当に必要か／どんな意味があるのか？　このやり方でよいのか／もっと良い方法はないか？」を、常に考えて行動しましょう。

ムラとは、まだら模様のことです。すなわち、濃い部分と薄い部分が不均一に散らばっている状態です。つまり『ムラを無くす』とは、〝バラツキのない均一な状態にすること〟です。これは、製品・サービスだけでなく、それらを生み出す作業や管理にも言えます。作業や管理にムラがあると、それが生み出す製品・サービスの品質もバラついてしまいます。

意味のあることを、効率的に、安定的に行うことを心がけましょう。

ムダ、ムリ、ムラ

◆《ムダ》を無くす

無意味なことをやらないこと

不要なものを作らないこと／持たないこと

◆《ムリ》を無くす

面倒なやり方をしないこと

強引にやらないこと

◆《ムラ》を無くす

バラツキのない均一な状態にすること

「3M（ムダ、ムリ、ムラ）を無くす」とは、

意味のあることを、効率的に、安定して行うこと

第一八回　品質のバラツキと標準化

ここでの『標準化』とは、明確なルールや取り決めを定めることです。『標準的な』のように、「平均的な」とか「一般的な」といった曖昧なものを定めることではありません。

標準化の目的は、品質のバラツキを小さくすることです。すなわち、常に同じ品質のものを作ることです。ただし、バラツキを小さくしても製品の平均品質は変わりません。しかし、会社の品質は改善します。どういうことなのか、以下説明します。

まとまった製品を出荷する時、個々の製品の品質は微妙に違います。熟練者が作った物と未熟者が作った物では、出来栄えが違うのは当然です。また、同じ作業者が作った物でも、体調が良い時と悪い時では出来栄えが違うでしょう。この違いがバラツキです。そして、お客様にとっての品質（メーカーの信用）は、最低品質の製品によって決まります。たとえ多くの製品が素晴らしい品質であっても、たった1個の不良品によって会社は信用を失うことがあるのです。

「品質のバラツキが小さい」ということは、「皆、同じような品質」ということです。言い換えると、「品質が素晴らしく良い物と、とんでもなく悪い物が少ない」ということです。そして、とんでもなく悪い物が少ないと、会社の信用（品質）はアップします。

このように標準化は、誰がやってもどんな状況でも、常に同じ品質を提供し続けるために行うことです。「誰でも」「いつでも」がとても重要なのです。

品質のバラツキと標準化

「標準化」とは、ルールや取り決めを定めることで
品質のバラツキを抑え、組織の品質を改善すること

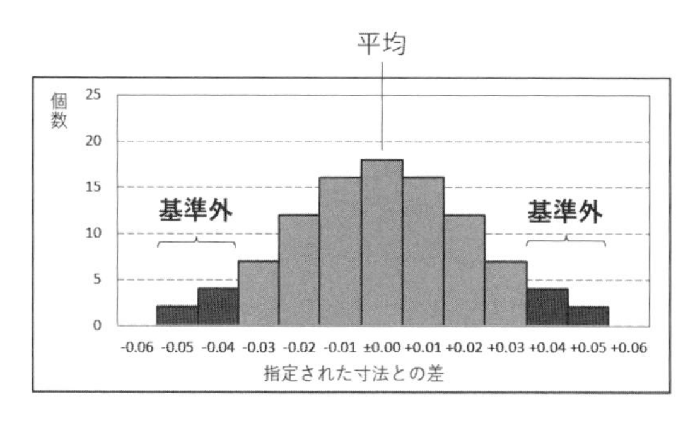

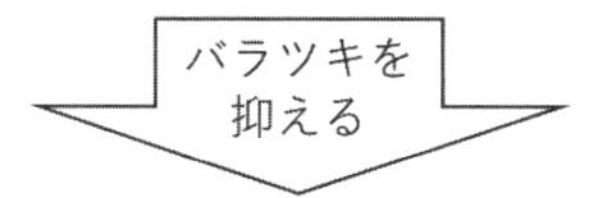

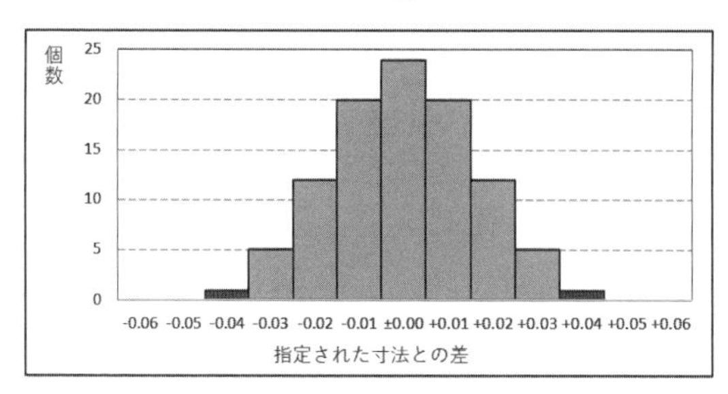

第一九回　標準化の弊害

標準化を推進すると、品質のバラツキが小さくなることで「とんでもなく悪い物」が減り、会社の品質が向上します。半面、「素晴らしく良い物」も減ります。これは品質だけでなく、効率でも同じことが言えます。標準化は、未熟者の作業効率を一定水準にまで引き上げますが、熟練者の作業効率を下げます。標準化は、未熟者を早く戦力にすると同時に、熟練者のパフォーマンスを下げるのです。

「未熟者の戦力化」と「熟練者のパフォーマンス」のどちらを優先するかは状況によって違います。しかし、頻繁に手順を変えると混乱を招きます。「使い分ければ良い」と考えるかも知れませんが、そう簡単な問題ではありません。なぜなら相手は人間だからです。例えば、熟練者が低レベルの手順を押し付けられればやる気をなくしますが、熟練者がルールを破っても黙認されていれば他の者は不満を抱くでしょう。

さらに、技術継承や育成の問題もあります。いつまでも熟練者に頼っていてはいずれ困ることになります。また、未熟者が手順書に頼ってばかりいては、いつまで経っても作業の効率は向上しません。

未熟者を戦力として用いながらどうやって育成するか。熟練者にパフォーマンスを求めながらいかに指導者としての役割を担ってもらうか。モチベーションとパフォーマンスを共に維持するにはどうすれば良いか。などなど、標準化を考える上で重要な課題です。

標準化の弊害

標準化は、「とんでもなく悪い物」を減らす。
と同時に、「素晴らしく良い物」も減らす。

標準化は、未熟者を早く戦力にする。
と同時に、熟練者のパフォーマンスを下げる。

第二〇回　手順書

前々回、「標準化とは、取り決めやルールを定めること」と述べましたが、取り決めやルールを文書にしたものが『手順書』です。文字通り「手順を記した文書」です。

手順を文書にする理由は、「手順を目に見える」ようにすることです。それによって、以下の目的に利用することが可能になります。

①作業する際の手引き
②手順が正しいことの証明
③新たな手順の作成や、既存の手順を変更する際の土台
④手順を周知徹底するための道具
⑤新たな要員を指導するための教材

逆に言うと、これらは目に見える形になっていないと困るのです。例えば、作業の際には手元に手引きを置いておきたいですね。正しく作業したことを示すためには、正しいことの根拠が必要です。検討するには、対象が明確でなければなりません。周知徹底するためには指示書が必要です。教育するためには教材が必要です。

手順書を守ることが目的なのではありません。守るべきは定められた「手順」です。手順書は、手順がきちんと守られるようにするための道具であり、手順の問題点を確認して改善するための道具でもあります。そして、道具は正しく使うことが必要です。

手順書

手順書の利用場面

①作業する際の手引き

②手順が正しいことの証明

③手順の作成や変更の際の土台

④手順を周知徹底するための道具

⑤要員を指導するための教材

これらは、目に見える形になっていないと困る。
だから文書にする。

第二一回　帳票、書式

通常、何かにデータを入力する時は決まった画面を使います。紙の場合も記入用紙が決まっていることが多いですね。なぜ決まった書式を用いるのでしょうか？

書式が決まっていると、何を入力（記入）するかが一目で分かるので助かりますね。しかし、書式を定める目的は分かりやすさだけではありません。書式を定める目的は、「漏れ」「誤り」「不正」を防ぐことです。例を挙げます。

・記入していない欄があれば、記入漏れや記入忘れに気がつきます。

・数値欄の桁数を明示しておけば、桁誤りに気がつきます。

　例えば、「10000」を「1000」や「100000」と入力してしまうことを減らせます。

・数値欄の先頭の余白を埋めれば、改ざんの危険を減らすことができます。

　例えば、「10000」を「¥10000」や「00010000」（8桁固定）と入力することです。

指定された帳票や書式を使う際は、その意図を理解して適切に使うことが大切です。具体的には次の2点を心がけましょう。それだけで、データの品質は向上します。

①未記入の欄を残さない。未記入だと、「入力漏れ」か「意図的」かが分かりません。

　記入することがない場合は、「なし」と記入しましょう。

②数値の場合は桁数を確認しましょう。先頭の余桁にゼロを付けるのも効果的です。

　ちなみに、ＩＤコード（識別子）の数字は、数値ではなく〝文字〟なので、頭のゼロを省略してはいけません。

帳票、書式

入力画面や記入用紙を定める目的

①漏れの防止

未記入の欄があれば記入漏れに気づく

<u>記入する際の心がけ</u>

未記入の欄を残さない。

記入することがない時は「なし」と記入する。

②誤りの防止

例えば、記入場所、桁数（0の数）

③不正の防止

例えば、数字の不正追記

第二三回　文書管理

ここでの「文書」とは、他者に渡したり他者から受け取る正式文書のことです。例えば、企画書、計画書、報告書、仕様書、説明書、手順書、マニュアルなどがあります。一時的に書き留めるメモや検討中の落書きは含まれません。

文書は、それを受け取った人のその後の作業に大きな影響を及ぼすため、しっかりと管理する必要があります。これは、文書を発行する際と受け取る際の両方において必要なことです。

文書管理で重要なことは、『必要な時に、必要な文書が、必要な状態で利用できる』ことです。したがって、「得体が知れない」とか「どこにあるか分からない」などは、文書管理されている状態とは言えません。

以下、文書管理として具体的に行うべきことを記します。

①識別：個々の文書を明確に区別すること。例えば、タイトル、版、発行日、作成者などです。また、紛らわしい場合は文書番号を付けることも効果的です。

②レビューと承認：記述内容が適切であることの確認、および、その文書の発行や使用を許可することです。また、その文書が承認されたものであると明示することも大切です。

③変更管理：変更が必要な際、確実に変更して周知することです。また、誤って古い版が使われるのを防ぐことも含みます（例えば、配付先を把握して回収するのも手段の一つ）。

④保管とアクセス管理：保管場所を定めて出入りを管理することです。例えば、紙ファイルの持ち出し台帳、電子ファイルのフォルダ構成やアクセス権などです。

文書管理

◆ 文書とは、例えば
企画書、計画書、報告書、仕様書、説明書、手順書、マニュアル　など

◆ 文書は、受け取った人の作業に大きな影響を及ぼす
……だから、管理が必要

◆ 文書管理で行うこと
・識別
・レビューと承認
・変更管理
・保管とアクセス管理

第二三回　記録管理

ここでの「記録」とは、〝実施した活動やその結果〟を記述したものです。作業の証拠や品質に直結するものとして「品質記録」と言ったりします。

記録を残す目的は大きく2つあります。

(1)自分たちの改善のため　：　問題発生時の原因追及や作業改善の材料

(2)外部に提示するため　：　客先への報告や、ISO9001など審査時の証拠

記録管理で重要なことは、『必要な時に、必要な記録が、必要な状態で利用できる』ことです。

文書と同じですね。文書と記録は一見同じように見えますが、次の点が大きく違います。

【文書】現在必要な最新の情報　：　情報を維持するために〝保管〟する

【記録】将来必要な過去の情報　：　状態を保持するために〝保存〟する

文書は、情報の質を維持するために、適切に変更して改訂（版更新、再発行）する必要があります。言い換えると、文書管理の目的は『不適切な文書の誤使用の防止』と言えます。これに対して記録管理の目的は『破損・紛失・劣化・盗難・改ざんなどの防止』です。したがって、収集した記録は一切修正しません。ちなみに、記録を変更することは「証拠の改ざん」です。

以下、記録を管理する上で重要な視点を記します。

①保護：破損、紛失、劣化などに対する防護

②蓄積：作業との一体化（作業すると自動的に記録が残されるのが理想）

③廃棄：不要になった記録の処分（保存期間を決めておき、定期的に捨てる）

記録管理

◆ 記録とは、
“実施した活動やその結果”を記述したもの

◆ 記録を残す目的
(1)自分たちのため … 原因追及や作業改善の材料
(2)外部に提示するため（お客様や審査機関など）

◆ 記録管理の視点
・保護、防護
・作業と一体化した蓄積
・不要になった記録の廃棄

文書と記録の違い

《文書》現在の作業に必要な最新の情報
… 情報の質を維持するために、適切に改訂して ”保管” する

《記録》将来用いるための過去の情報
… 状態を保持するために “保存” する（破損・紛失・劣化・盗難を防ぐ）

第二四回　故障と不良

製品は必ず故障し、多くの場合修理して使い続けます。使用↓故障↓修理↓使用…を繰り返すわけです。一定時間内に発生した故障の回数を「故障率」と言います。故障率は、時間の経過とともに変化します。横軸に使用時間、縦軸に故障率をとったグラフを描くと、初期故障期、偶発故障期、摩耗故障期という3つの段階を示します。その形状から「バスタブ曲線」と呼ばれます。

【初期故障期】使用開始すぐ、初期不良によって故障が多発する期間です。故障率は、最初高いですが、急激に下がります。通常「不良」と言うと、この期間の故障です。

【偶発故障期】初期故障期を過ぎると故障率は低い値で推移します。安定期です。偶発故障期の長さが「長持ち」すなわち「耐久性」です。

【摩耗故障期】稼働時間が長くなると、摩耗や劣化などによる故障が増加します。摩耗故障期の終点が寿命です。安定的に使っていたのに故障が増え始めたら、摩耗故障期に入った（そろそろ寿命）と考えて交換を検討する必要があります。

ソフトウェアの場合、摩耗や劣化がないので摩耗故障期はありません。しかし、買い替え（バージョンアップ）しますね。なぜでしょうか？　それは、同じものを使い続けていると環境の変化に対応できないからです。いわゆる「時代遅れ」です。時代遅れは機能的な劣化と言えるかも知れません。これはソフトウェア以外でも言えることです。

故障と不良

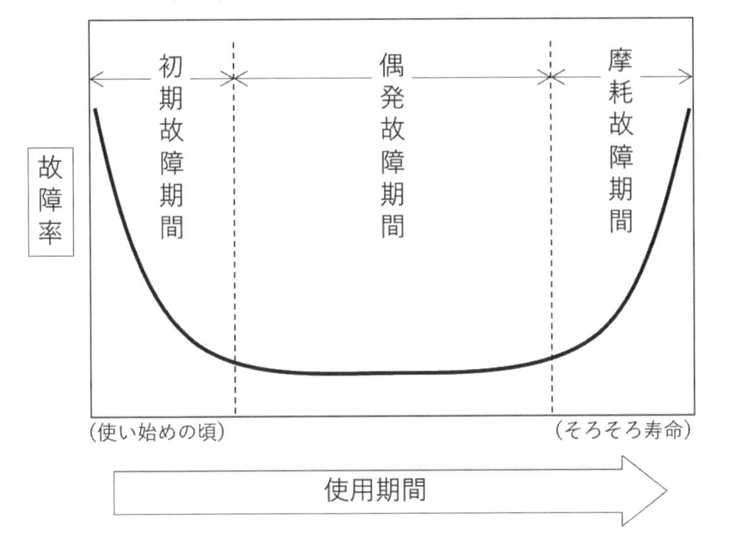

第二五回　原因と対策

問題を起した時に原因を問われることがあると思いますが、「何が原因だ？」という問いは実は曖昧であり人によって捉え方が違うことがあります。それは、原因には「現象の原因」と「ミスした原因」の2つがあり、それらが上下関係を成して連続的につながっているからです。

例えば、料理を作って人に振舞ったときのことを考えてみましょう。

①：食べてくれない（現象）　……　食べない原因は？
↓②：ひどく塩からい（現象）　……　塩からい原因は？
↓③：塩を入れ過ぎた（ミス）　……　塩を入れ過ぎた原因は？
↓④：塩と砂糖を間違えた（ミス）　……　間違えた原因は？
↓⑤：同じ形状の入れ物だったので区別がつかなかった（ミス）　……　以下省略

この、原因と結果の構造を調べることが「原因分析」です。原因を問われたときは、どのレベルのことを問われているのかを察して、的確に答える必要があります。

原因を問う理由は再発を防止するためです。先の例の場合、⑤まで調べれば入れ物に名前を書けばよいことが分かります。再発防止策は、「なぜ、なぜ」を繰り返した結果見えてくるのです。

「原因は、注意不足」、「対策は、気をつける」…これでは意味がないのです。

さらに、上述の例では「味見をしなかった」というミスもあります。ミスの原因には「ミスを犯した原因」と「見逃した原因」があり、再発防止ではその両方を考える必要があります。

原因と対策

【原因の深堀り】

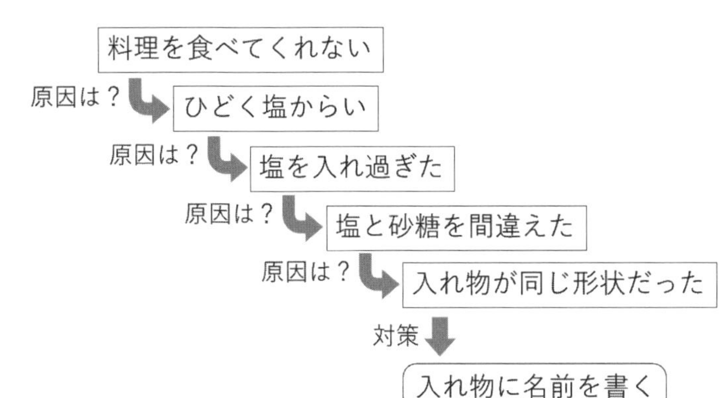

典型的な悪い例

「原因は？」
「注意不足でした」

「対策は？」
「以後、気をつけます」

第二六回　因果関係

原因を探って再発防止を図る際、原因と結果の向きを見誤らないように気をつけなくてはなりません。ある2つの事象に関係がありそうなとき、原因と結果の関係を取り違えて意味の無い対策を取ることがよくあります。例えば、「睡眠時間と心臓病の発症率との間に関連が見られる」と聞いて、どう感じるでしょうか？

⑴長く眠ると心臓に悪い　→　長く眠らない方がよい
⑵心臓が悪いと長く眠る　→　よく眠って心臓を休ませた方がよい

このように、原因と結果の捉え方によって、その後の対策はまるで異なるのです。
AとBの間に関係がありそうなとき、その因果関係として以下の4パターンが考えられます。

①Aが原因で、Bが結果
②Bが原因で、Aが結果
③別の要因Cが原因で、AとBは共にその結果
④AとBは無関係（偶然、関係があるように見えた）

どちらが「因」で、どちらが「果」なのかを知るには、仮説を立てて検証を繰り返すことが重要です。すなわち「仮にこれが原因だとしたら、この場合はこうなるはずだ」をいう仮説を作り、本当にそうなっているのか確かめるのです。そして、仮説と検証はできる限り多い方がより確実です。

因果関係

事象Ａと事象Ｂに関係がありそうなとき、
どのような因果関係が考えられるか？

1．Ａが原因でＢが結果

2．Ｂが原因でＡが結果

3．別の要因Ｃが原因で、ＡとＢは共にその結果

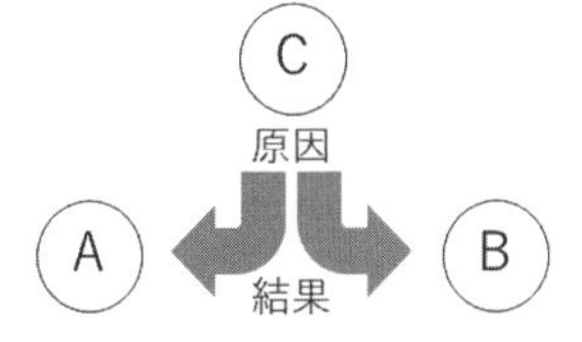

4．ＡとＢは無関係

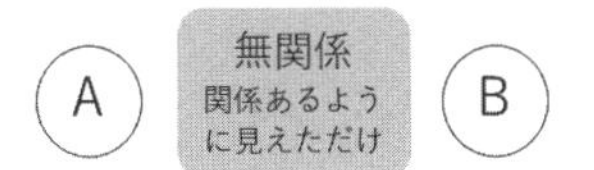

第二七回　帰納的思考、演繹的思考

因果関係とは原因と結果の関係のことですが、言い換えると「法則と事象の関係」と言えます。法則の結果が事象であり、事象の原因が法則です。つまり、因果関係を調べることは、法則と事象の関係を調べて推測することです。そして、それには論理的思考が必要です。

論理的思考には、【帰納（きのう）的思考】と【演繹（えんえき）的思考】の2つがあります。《帰納》《演繹》は授業で習った人もいると思いますが、難しい言葉なので憶えていないかも知れませんね。実はこの2つは、物事を考える際の向きの違いを表しています。

【帰納的思考】事象の共通点から、法則を推測すること。

【演繹的思考】法則を組み合わせて、事象を推測すること。

原因分析の場面で考えてみましょう。

◆多くのデータを分析して、「こういうことが起こるのは、これが原因だろう」と考えるのが

【帰納的思考】です。

◆得られた仮説について、「これが原因だとしたら、この場合はこうなるはず」と考えるのが

【演繹的思考】です。

つまり、原因追及で用いるのが《帰納的思考》であり、仮説の検証で用いるのが《演繹的思考》です。原因分析はこれらを繰り返して行うのです。いちいち「どっちの思考なのか」を考える必要はありませんが、「今必要なのは、原因の追究か検証か」は意識しましょう。

帰納的思考、演繹的思考

【帰納的思考】事象の共通点から法則を推測する

【演繹的思考】法則を組み合わせて事象を推測する

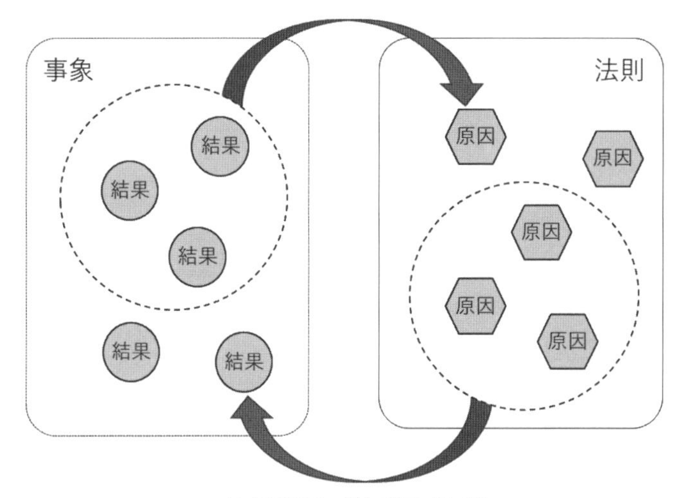

第二八回　工程移行判定、出荷判定

以前の回で、「再発防止では、ミスを犯した原因と見逃した原因の両方を考える」と述べましたが、当事者の問題以外に、管理上の問題についても確認する必要があります。それは、次の作業へ移る許可（工程移行判定）と、お客様に引き渡す許可（出荷判定）です。客先で不良品が発覚した場合は、不良品を作って且つ見逃してしまった原因を調べるとともに、「次の作業へ移ってよい」「出荷してよい」という判断に問題がなかったかも検証する必要があります。

これらの判定を行う者は、知識と経験が豊富で、且つ相応の地位にある者でなければなりません。なぜなら、その人は出荷の延期や中止を指示できる〝権限〟を持ち、もし不良品を出した場合に〝責任〟を取る必要があるからです。また、その時の気分によって判定が変わることがないように、あらかじめ判定基準を定めておく必要があります。このように、不良品を出荷してしまった場合には、判定者の能力、責任と権限の適切性、判定基準の妥当性も確認する必要があるのです。

出荷判定で不合格になった製品は出荷できません。ただし、使用上問題がない用途に限定して、且つお客様の了解が得られれば、不合格でも出荷することができます。これを「特別採用」と言います。いわゆる、安売りで見かける《訳アリ品》がそれです。ただし、特別採用として出荷したとしても、不合格は不合格であり、その原因を分析して再発防止を図ることは必要です。

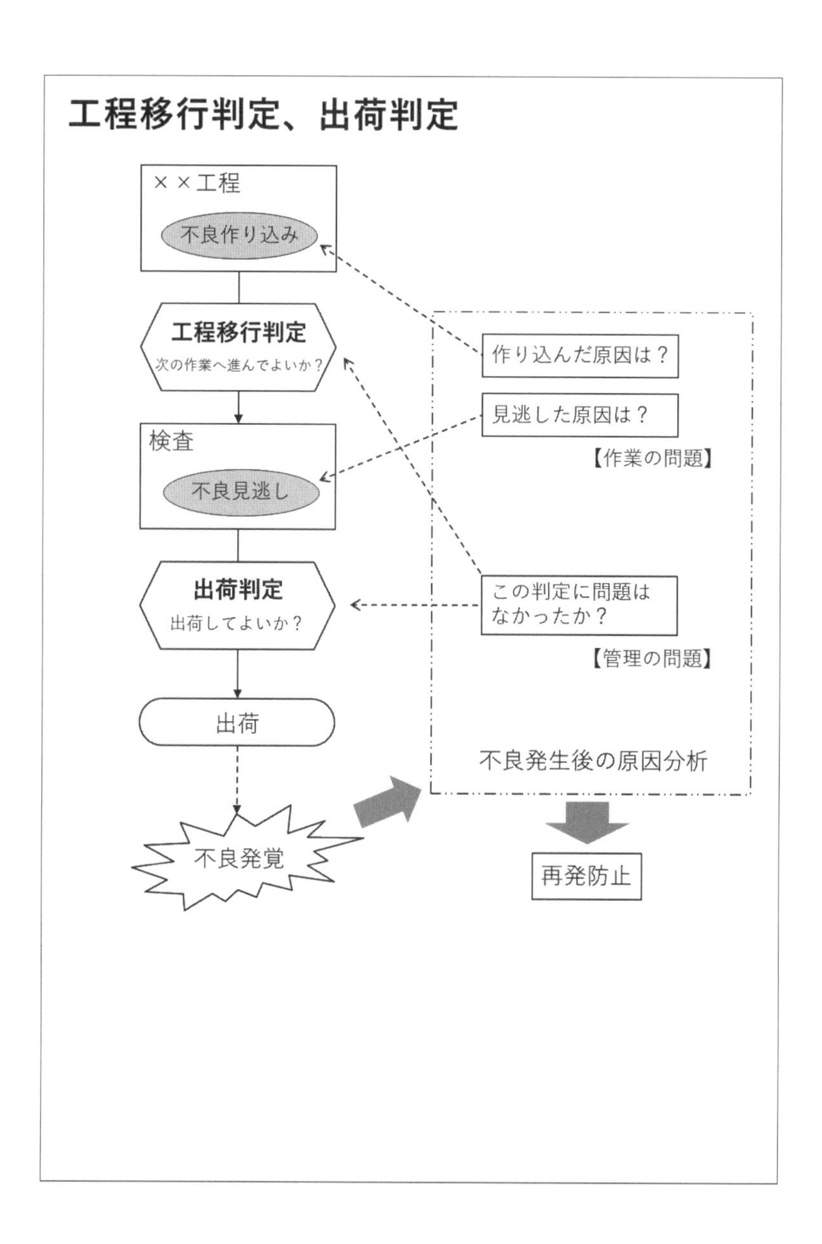
工程移行判定、出荷判定
××工程
不良作り込み
工程移行判定
次の作業へ進んでよいか？
検査
不良見逃し
出荷判定
出荷してよいか？
出荷
不良発覚
作り込んだ原因は？
見逃した原因は？
【作業の問題】
この判定に問題は
なかったか？
【管理の問題】
不良発生後の原因分析
再発防止

第二九回　検定

同じ製品を大量に作る場合、出荷判定はどのように行えばよいでしょうか？　例えば、１万個の製品を納める場合、すべてを検査するのは大変ですね。そこで行うのが「検定」です。

検定は、一部分をサンプリングして検査することで、全体の品質を推定する技術です。全体数、サンプル数、不良の数、によって合格か不合格かを判断します。合格であれば、検査しなかったものも含めてすべて出荷し、不合格であればすべて出荷しません。

このとき「ロット」という単位で製造と検定を行います。例えば、１ロットが１００個の場合、１００ロットを製造・検定合格することで１万個出荷します。ロット毎に製造・検定・出荷などの記録を残すことで、ロット毎に不良品の回収や原因分析を行います。

検定は推定なので外れることもあります。すなわち、合格ロットの中に不良品が混在している可能性があります。不良品が出ては困る場合は、サンプル数を多くして精度を高めます。その究極が全数検査です。ただし、サンプル数を増やすと手間や費用も増えます。検定は、精度と手間の兼ね合いで決まるのです。

検定は平均値や分散（バラツキのこと）といった統計学を用いて行いますが、難しい知識は必要ありません。ロットの大きさと危険率（不良品が合格になる確率）によって、必要なサンプルの数と合格基準を示した表がＪＩＳ（日本工業規格）で定められているので、検定はそれを用いて行います。

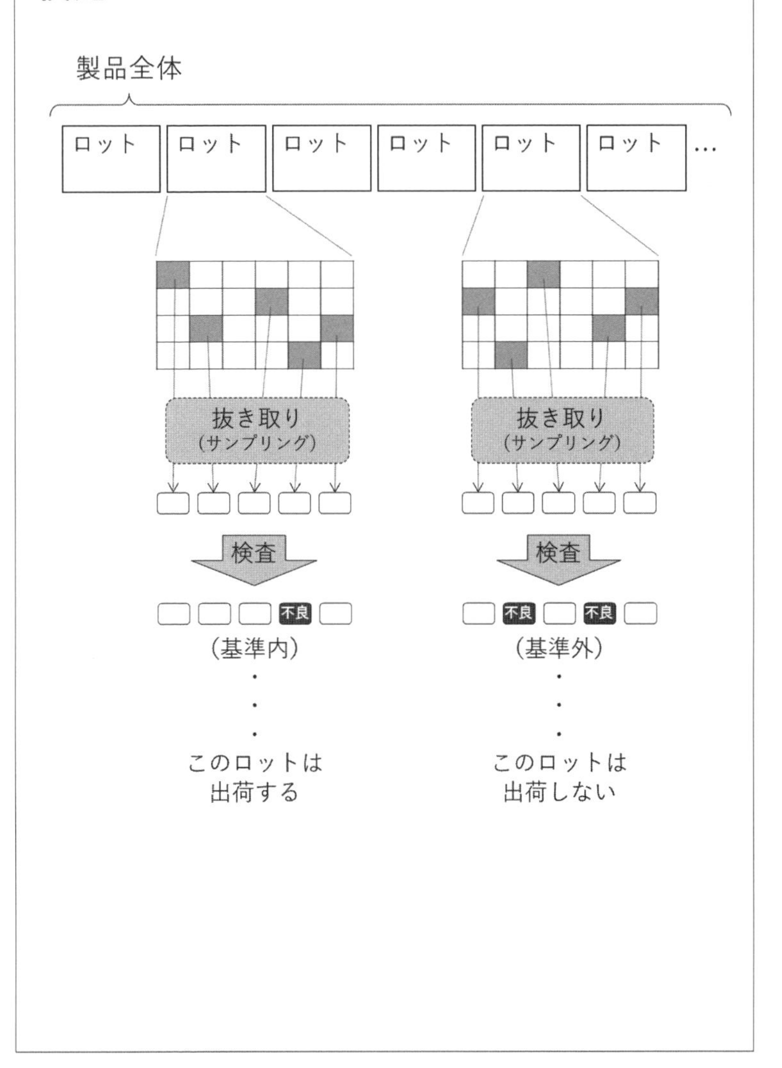
検定
製品全体
ロット
ロット
ロット
ロット
ロット
ロット
…
抜き取り
(サンプリング)
抜き取り
(サンプリング)
検査
検査
不良
不良
不良
(基準内)
(基準外)
このロットは
出荷する
このロットは
出荷しない

第三〇回　平均

「平均」と聞いてどのようなことを思い浮かべるでしょうか？　字ヅラからすると《平らで均一にならした値》、つまり「みな同じだとすると……　すなわち〃代表値〃」と感じるのではないでしょうか。実はこの「代表値」には様々な考え方があり、「平均」にもいろいろあります。代表的なものを挙げます。

【相加平均】すべての値を足して、値の個数で割った値です。「算術平均」とも言います。通常、「平均」と言うとこれです。身長やテストの点数など、値をならす時に用います。

【相乗平均】すべての値を掛け合わせた値の累乗根です。「幾何平均」とも言います。成長率など、比率の変化をならす時に用います。例えば、1年目の成長率が前年比1.2倍、2年目が2.0倍の時の平均成長率を考えてみましょう。相加平均では(1.2＋2.0)／2＝1.6となりますが、それだと2年間で1.6×1.6＝2.56倍となります。実際には2年間で1.2×2.0＝2.4倍に成長したのですからおかしいですね。この場合、$\sqrt{(1.2 \times 2.0)} \fallingdotseq 1.549$を用います。

【調和平均】逆数の相加平均の逆数です。少々ややこしいですが、全体量が決まっている場合に用います。例えば、往路と復路の速度の平均を求める場合などです。また、並列につないだ電気抵抗の平均もこれになります。

平均値を求める際、データによって重み付けを行うことがあります。例えば、工学系学校の入学試験で数学の点数を2倍として扱うなどです。これを「加重平均」と言います。この〃重み付け〃という考え方は、いろいろな場面で用いられます。

平均

『平均』にもいろいろある。

◆ 相加平均（算術平均）

平均身長やテストの平均点などを求めるときに用いる。
通常「平均」と言うとこれ。

$$相加平均 = \frac{値_1 + 値_2 + \cdots 値_n}{n}$$

（n：値の個数）

◆ 相乗平均（幾何平均）

成長率など、比率の変化をならすときに用いる。

相乗平均 ＝（$値_1 \times 値_2 \times \cdots 値_n$）の n 乗根　（n：値の個数）

◆ 調和平均

往復の速度の平均や、並列につないだ抵抗の平均などを
求めるときに用いる。

$$調和平均 = \frac{1}{\left(\dfrac{\dfrac{1}{値_1} + \dfrac{1}{値_2} + \cdots \dfrac{1}{値_n}}{n}\right)}$$

（n：値の個数）

第三一回　中央値、最頻値

幾つかの数値の代表値を決める場合に「平均値」を用いることが多いですが、世の中には、平均値が実感と合わないことがよくあります。例えば、全国民を対象にした所得額や貯蓄額の平均値が有名です。多くの人は、その値を聞いて「自分の感覚よりもかなり大きい」と感じると思います。なぜかというと、ごく少数の超大金持ちが平均値を押し上げているからです。（興味がある人は、《20:80の法則》で検索してみてください）

このような場合、感覚に近い値として「中央値」や「最頻値」を用います。

【中央値】値を大きさ順に並べた時の真ん中の値です。例えば、99人の身長の中央値は、50番目に背が高い（低い）人の身長です。

【最頻値】値を等間隔の範囲に分けた時、当てはまる値が最も多い範囲です。例えば、テスト結果を10点刻みで集計した時、人数が最も多い「〇点台」が最頻値です。

平均値は「アベレージ」、中央値は「メジアン」、最頻値は「モード」です。学校で習ったことがあると思います。『集団を代表する値』を示す時、これらのうちどれが最も適切か考えることが必要です。

ちなみに、正規分布や二項分布など左右対称の分布では、平均値と中央値と最頻値は同じ値になります。「分布」とは数値の集まり方の形を示すもので、統計学の基本です。とても難しいので、今は詳しく理解する必要はないでしょうが、正規分布は多くの場面で出てくるので、グラフの形くらいは覚えておきましょう。

中央値、最頻値

【例】全１０問のテストを５１人に実施したときの、正解数の分布

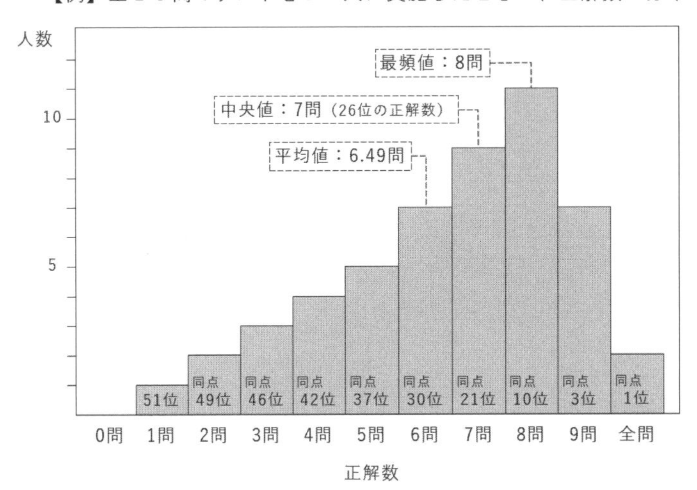

左右対称の分布では、

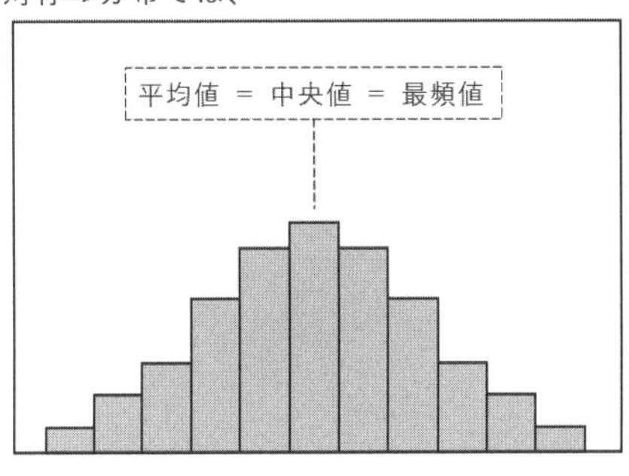

第三二回　パレート図

前回、《20:80 の法則》に少し触れましたが、これはパレートという経済学者が提唱したもので、「上位20％の要素で、全体の80％を占めることが多い」という経験則です。これを品質に当てはめると、「不良原因の上位20％で、不良全体の80％を占める」、つまり「不良原因の上位20％を対策すれば、全体の80％の不良を防止できる」ことになります。これをもとに、対策の優先付けを行う手法が『パレート図』です。

パレート図は、値（原因別の不良数）を大きい順に並べた棒グラフと、その累積値を表す折れ線グラフから成ります。目指す不良総数の線と折れ線グラフとが交わる位置で、上位何個までの不良原因を対策すればよいか分かります。

折れ線は左上に膨らんだ曲線になりますが、すべての原因で同じ数の不良が出ている場合、累積値は比例直線になります。この、曲線と直線で囲まれた面積が大きいほど、要因毎の結果の差が大きいことを表します。つまり、前回述べた「収入額や貯蓄額」における〝不公平感〟の度合いを示す指標になり得ます。

余談ですが、《20:80 の法則》に似た言葉に《20:60:20 の法則》というものがあります。これは『集団は常に、20％は良く働き、60％は普通に働き、20％は怠ける』というものです。怠ける20％を排除しても、残りの80％の中の20％が新たに怠け始めるのだそうです。困りますね。どうすればよいでしょうか？　理論上、全体を底上げすれば、怠ける20％でも底上げ前の60％域並の成果を出すことは可能です。

パレート図

対策などの優先付けを行う手法。
値の大きい順に並べた棒グラフと、その累積値を表す折れ線グラフからなる。

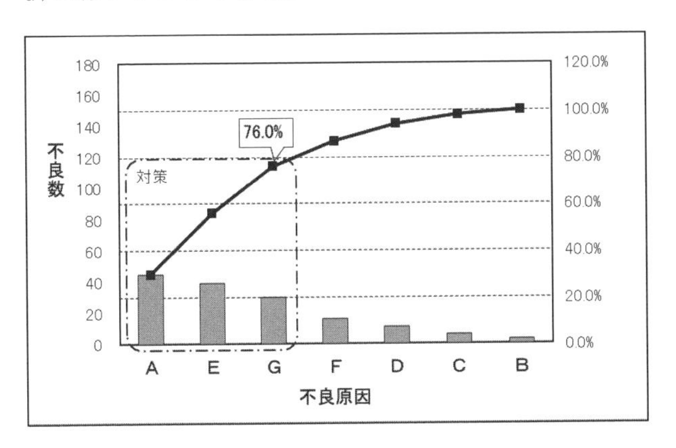

この例では、上位３つの不良原因を対策すれば、
不良全体の７６％を対策できる（今後起こさない）
ことが分かる。

第三三回　破壊検査、非破壊検査

今回は、『検定』で述べた「サンプリング検査」に関してもう少し述べます。

「サンプリング検査」は、すべてを検査することができないとき一部だけを検査することで全体を推定する技術です。《検定》は、費用などの制約によって全数検査ができない場合の合否判定手法ですが、それ以外にも〝すべてを検査できない〟場面があります。例えば『強度試験』などです。強度は見た目では分からないので実際に壊して確かめます。これを「破壊検査」と言います。しかし、壊してしまうと出荷できないので、すべてを検査することはできませんね。そこでサンプリングが必要になるのです。

これに対して、壊さずに行う検査が「非破壊検査」です。スイカの出荷検査を例に、破壊検査と非破壊検査の実例を説明します。

①切って、実の詰まり具合を見る。食べて、糖度を確かめる。…破壊検査
②叩いて、音や振動で空洞の有無を確認する。…非破壊検査（打音検査）
③光センサーで、空洞の有無や糖度を確認する。…非破壊検査

最近は、超音波やX線など、技術の進歩とともに非破壊検査が広がりました。また、自動化によって非破壊検査による全数検査が浸透してきています。しかし、検査機器の精度を確認するために、定期的に実物確認（破壊検査）を行って結果を比較します。

ちなみに、打音検査は、今でも大きな構造物の点検など、多くの場面で用いられている現役の技術です。

破壊検査、非破壊検査

◆ 破壊検査

壊して確認する検査　……　サンプリングが前提

- ・切って中を見る
- ・味見をする
- ・壊してみる　　　など

◆ 非破壊検査

壊さずに確認する検査

- ・叩いてみる（音や振動を確認する）
- ・光センサー
- ・超音波
- ・Ｘ線　　　など

第三四回　校正

測定機器の精度を確認することを「校正（Calibration：キャリブレーション）」と言います。文書の間違いを修正する「校正（Proofreading）」とは違うで注意してください。

測定機器の校正とは、測定機器の目盛り合わせです。重量計を使う前にゼロを合わせますね。あれです。つまり『測定機器が正しいことを確認する』ことです。合否判定に用いる場合、間違った測定結果によって不合格品が合格になったり、合格なのに不合格になると困りますね。だから、定期的に確認する必要があります。

校正のレベルは、対象機器の用途によって、簡単なものから厳密なものまで様々です。簡単な例では、「遅れている時計を時報に合わせる」ことも校正です。厳しいものでは、国際基準や国で定めた基準と比べるものもあります。校正には、対象機器によって、自分たちでできるものと専門業者に依頼しないとできないものがあります。お客様の要求や法令などによっても違います。場合によっては、第三者による校正証明を求められることもあります。

校正では、基準の明確化と記録が必要ですが、他に次の３つも重要です。

・校正された機器の識別
・校正が無効になることからの保護
・校正に問題があった場合の対応（過去の測定結果の適切性の確認）

つまり校正は、単に測定機器が正しいことを確認するだけでなく、『測定結果を保証する』ことが求められているのです。《測定》は、それくらい重要なことなのです。

校正

Calibration（キャリブレーション）の意味の「校正」とは、測定機器の目盛り合わせ（ゼロ合わせ）のこと。狂っている測定機器の値で《合格or不合格》が決まると困るので、測定機器は定期的に校正しなければならない。

校正で必要なこと

・基準が明確であること
・校正した記録を残すこと
・校正された機器を識別すること
・校正が無効になることを防ぐこと
・校正に問題があった場合、過去の測定結果の適切性を確認すること

第三五回　資格

一点物の場合は壊して検査することができませんが、特殊な製品では破壊検査でないと不良を正確に見つけられない物もあります。超音波など非破壊検査によってある程度の品質は確認できたとしても、より高い品質を保証するのに検査では不十分な場合があるのです。この「検査だけでは不十分な場合がある」ことは意識していてください。

そこで重要なのが「品質保証：品質を保証する取組み」です。ISO9001は「プロセス（作業のやり方）の保証」ですが、もう一つ重要なのが「作業者の保証：作業する者の力量の保証」です。

世の中には、作業者の力量を保証するための様々な資格があります。そして、資格がないとできない作業も多くあります。例えば、電気工事士、溶接技能者、建築士、医師、身近なものでは運転免許がそうです。また、資格を持っていることを、採用条件や昇進条件にしている会社は多くあります。

資格は、「取得方法」「有効期限」「更新方法」などによって様々なものがあります。

【取得方法】講義を受ければ得られる資格、筆記試験のみの資格、実技試験がある資格

【有効期限】一度取得すれば無期限で有効な資格、定められた期間内でのみ有効な資格

【更新方法】申請のみ、講習会の受講、能力開発（勉強）の実績、再試験

自動車の運転免許であれば、「学科と実技の試験、有効期限5年、身体検査と講習会受講で更新」ですね。資格を取得する際は、このような性質も考慮しましょう。

資格

より高い品質を保証するには、検査だけでは不十分な場合がある。
→ 検査とは別に、品質を保証する取組みが重要。

作業のやり方を保証する取組みが『ISO9001認証』
作業する者の力量を保証する取組みが『資格』

資格がないとできない作業がある。例えば、
電気工事士、溶接技能者、建築士、医師、運転免許..

資格を持っていることを、採用条件や昇進条件にしている会社は多い。

第三六回　教育と訓練

力量をアップさせること（いわゆる勉強）には、「教育」と「訓練」があります。言葉の定義はともかく、意味の違いは理解してください。

【教育】説明会、講義、読書などによって知識を得ること。いわゆる〝座学〟です。

【訓練】実際にやってみること。繰り返しやって経験を積むことです。

例えば、スキー未経験者が本やビデオをいくら見ても滑れるようにはなりませんね。何度も挑戦して失敗して（転んで）上達します。これが訓練です。教育と訓練は両方必要です。片方だけではうまくいきません。

IS09001は、「必要な力量を明確にし、そのための教育・訓練を行い、効果（力量が身に付いたか）を確認する」ことを求めています。〝必要〟には、次の3つがあると考えられます。

①業務で必要　：　目の前の仕事で必要（生産性や品質アップのため）
②組織が必要　：　今後の事業展開で必要（将来の事業や業務のため）
③個人が必要　：　個人のキャリアアップで必要（昇進、転職などのため）

勉強は、目の前の目的のほかに、将来を考えて計画的に取り組むことも大切です。IS09001の審査で、②を考えておらず指摘されることがよくあります。③はIS09001と無関係のように思えますが、個人が力をつけることは組織にとっても重要なことです。また、一見無関係に見えることでもどこかでつながっているかも知れません。仕事に関係が無さそうでも、興味があることには積極的に取り組みましょう。①②③のバランスが大切です。

教育と訓練

勉強は、《教育》と《訓練》の両方が必要

◆ 教育 … 座学によって知識を得ること

◆ 訓練 … 繰り返し実践して経験を積むこと

教育と訓練についてISO9001が求めていること

・必要な力量を明確にする

・そのための教育と訓練を行う

・効果（力量が身に付いたか）を確認する

「必要な力量」の“必要”とは？

・業務で必要 … 目の前の仕事で必要

・組織が必要 … 将来の事業展開で必要

・個人が必要 … 個人のキャリアアップで必要

→これらのバランスが大切

第三七回　認識

ISO9001には、人の有り様や関わり合いに関する項目が3つあります。力量、認識、コミュニケーションです。力量は前回説明したので、今回は「認識」について説明します。
ISO9001は、働く人々が以下の事項について認識を持つことを求めています。
・品質に関する会社の方針と目標
・それに向けて自分が何をするか（品質マネジメントシステムへの貢献）
・それを行わないとどうなるか（品質マネジメントシステムを守らないことの意味）
これらを徹底するために、会社は従業員に、説明、指導、動機付けなどを行います。
認識とは「知っている」や「暗唱できる」ということではありません。「理解している」ということです。理解とは、それを受けて自ら行動できるということです。
ISO9001の審査では、必ず何人かの従業員を捉まえて次のことを尋ねます。
「会社の品質方針と品質目標を知っていますか？」
「それについて、あなたは何をしていますか？」
最初の質問の答えは、社内共通であり記憶していれば答えられます。しかし二番目の質問は、自分の立場における方針や目標の意味や重みなどを理解（認識）していないと答えられません。
審査員は、「認識」がされているかを確認しているのです。
ISO9001は品質管理に関する規格ですが、会社の方針を理解してそれに向けて自分が何をすべきかを考えることは、ISO9001や品質に限らず極めて重要なことです。

認識

ISO9001は、働く人々が以下について認識していることを求めている。

①品質に関する会社の方針と目標

②それに向けて自分が何をするか
（どう貢献するか、自分の役割は何か）

③それを行わないとどうなるか
（方針やルールを守らないことの意味）

「認識する」とは「記憶する」ということではない。
それを受けて自ら行動できるということ。
すなわち、方針や目標を理解し、自分の役割や立場における意味や行動に落とし込むこと。

第三八回　コミュニケーション

ISO9001は、品質マネジメントシステムに関するコミュニケーションを明確にすることを求めています。ここでの《コミュニケーション》は、多くの日本人が思っているような「声を掛け合う」とか「仲良くする」といった意図やニュアンスはありません。ズバリ「情報伝達」という意味です。つまり、品質管理（広い意味では組織運営）に関わる情報伝達を明確にすることが求められているのです。

情報伝達には、例えば、指示、依頼、注意、報告、通報、提案、連絡、相談、などがあります。これには、社内だけでなく社外（お客様や取引先）との情報伝達も含まれます。これらについて、重要度に応じて必要性やレベルなどを定めることが必要です。

明確にしなければならないことは、「何を伝達するか」「いつ伝達するか」「誰が伝達するか」「誰に伝達するか」「どうやって伝達するか」など、いわゆる5W1Hです。難しいことではなく当たり前のことですね。しかし、当たり前のことほど問題が起きやすいのです。

現場で、「言ったはず／聞いていない」や「言わなくても分かるだろう／言われなければ分かりません」といった問題が起きていませんか？　こういう時、往々にして「コミュニケーション不足」という《量の問題》にしがちですが、これは間違いです。情報伝達の問題は、コミュニケーションの5W1Hを決めていないことによる、勝手な解釈や誤解から起きるのです。

コミュニケーション

ISO9001は、組織における《情報伝達》を明確にすることを求めている。

情報伝達とは、例えば、
　指示、依頼、注意、報告、通報、提案、連絡、相談
など。

明確にすべきこととは、
「何を」「いつ」「誰が」「誰に」「どうやって」
など。
コミュニケーションで起きる問題の多くは、これらを明確にしていなかったために起きる。

第三九回　自己啓発

今回は、ISO9001から少し離れますが、教育・訓練に関わることをもう少し述べます。

教育・訓練には、他者から言われて行うものと、自らの意志で行うものがあります。自分の意志で行うものを「自己啓発」や「自己研鑽（けんさん）」と言います。

前に、ISO9001は教育・訓練の『必要性、実施、確認』を求めていると述べましたが、これを自己啓発に当てはめると『動機、場、実感』になります。

【動機】自分自身の必要性です。自己啓発は、始めるのも、止めるのも、続けるのも、自分の意志です。しっかりとした動機がないと長続きしません。

【　場　】学ぶ機会です。それは、至るところに存在します。本、テレビ、Ｗｅｂ、セミナー、勉強会、留学、会話、……。常にアンテナを高くしていることが必要です。

【実感】学んだことを実践して「役に立った」と感じることです。それが感じられれば、続ける強い動機になります。学んだことは直ぐ実践することを心がけましょう。

「聞いたことは翌日には7割忘れる。やったことは7割覚えている。教えると9割覚えている」と聞いたことがあります。以来私は、教育や自己啓発で学んだ後は、自主的に報告書を提出していました。学んだことを自分の言葉にして人に伝えることは、理解を深めるとともに記憶の定着に役立つからです。

昔ある人から「教育とは人を変えること」と教わりました。これを自分自身に置き換えると、「自己啓発とは自分を変えること」です。

自己啓発

教育・訓練には、
- 他者から言われて行うもの
- 自らの意志で行うもの

がある。自らの意志で行うものを「自己啓発」または「自己研鑽」と言う。

自己啓発で大切なこと

【動機】
しっかりとした動機がないと長続きしない。

【 場 】
学ぶ機会はどこにでもある。常にアンテナを高くしておくことが必要。

【実感】
「役に立った」と感じられれば、さらに続ける動機になる。学んだことは直ぐに実践することが重要。

第四〇回　レビュー

今回は、製品の品質に直接関わる『設計・開発』について述べます。

ISO9001では、設計・開発において「レビュー」「検証」「妥当性確認」を行うように求めています。今回は、レビューについて説明します。

レビューは英単語の「Review」です。これを辞書で調べると「再調査する、再吟味する、よく調べる」とあります。またISO9000の「レビュー」の説明には、「目標を達成するため～」とあります。つまりレビューとは、「対象が目標を達成するか否かを見直す」ことです。設計・開発の他にも、顧客要求事項や再発防止策などもレビューが求められています。

設計・開発のレビューは、例えば「設計図を見直して、これで目標（求められている機能など）を達成できるかを確認する」ことです。単なる間違い探しではなく、このまま作業を進めてよいか確認することが目的なのです。

設計・開発のレビューで重要な点は次の2つです。

・プロセスの段階……作業の切れ目で行うこと。つまり、工程移行判定においてレビューを行うことが必要です。レビュー結果が、次の作業に移る判断根拠の一つになります。

・関係者を含める……設計・開発の担当者以外の関係者もレビューに参加する必要があります。例えば、営業部門（顧客の視点）、製造部門（実現性の視点）などです。

まとめると、レビューとは、作業の切れ目で、関係者を集めて作業結果を見直して、このまま作業を進めてよいか確認することです。

レビュー

Review（レビュー）の意味は、
「再調査する」「再吟味する」「よく調べる」

設計・開発のレビューとは、
設計図を見直して、「このまま進めて、求められている機能を実現できるか。目的を達成できるか」を確認すること。単なる間違い探しではない。
《このまま進めてよいか》を判断することが目的。

設計・開発のレビューで重要なこと
・作業の切れ目で行う（工程移行判定の根拠となる）
・設計や開発の担当者以外の関係者も参加させる

第四一回　検証、妥当性確認

今回は、前回に続いて、設計・開発に求められていることについて説明します。

製品の状態や動きを確認して不良の有無を確認することを、「検査、試験、テスト」などと言いますね。ここではそれらの定義には触れませんが、もし職場でこれらを使い分けているのであれば、職場内ではっきりさせてください。ここでは、検査やテストにおいて重要な概念について説明します。

一般的に検査やテストとは実物の状態や動きを確認することですが、その観点には「検証」と「妥当性確認」の2つがあります。名称は覚えなくてよいですが、検査やテストでは両方の観点が必要であることは知っておいてください。

【検証】お客様が言っていること（暗黙の要求も含む）の通りにできているかの確認

【妥当性確認】（お客様が言っていることとは別に）用途に対して妥当かの確認

検証は「Verification（ベリフィケーション）」、妥当性確認は「Validation（バリデーション）」です。「ベリファイ」や「バリデート」は聞いたことがある人もいると思います。

検証は、各作業のインプットとアウトプットを突き合わせて確認することが重要です。お客様の要求を最初のインプットとし、それを各工程でインプットからアウトプットへ変換していって最終的にできたものが製品だからです。

妥当性確認は、想定した用途や使われ方からみて妥当であるかを確認することです。「お客様から言われた通り」だけでは、良い品質とは言えないのです。

検証、妥当性確認

“検査”や“テスト”など、物の状態や動きを確認するときの観点には、「検証」と「妥当性確認」がある。

【検証】Verification（ベリフィケーション）
要求（暗黙も含む）通りにできているかの確認。
作業のインプットとアウトプットを突き合わせて確認する。

【妥当性確認】Validation（バリデーション）
用途に対して妥当かの確認。
使われ方を想定して、その使われ方において適切か確認する。

検証は、お客様が求める（言っている）ことの確認。
妥当性確認は、お客様が求めることとは別の確認。
「お客様から言われた通り」だけでは《良い品質》と言えない。

第四二回　仕様書

前回、「検証は、各作業のインプットとアウトプットを突き合わせて確認すること」と述べましたが、作業のインプットとアウトプットになるものが仕様書です。

仕様書とは、出荷製品や設計・開発段階の物も含めて、その形状や動作などを文書に記したものです。出荷製品の仕様書を「製品仕様書」「機能仕様書」、設計・開発段階のものを「内部仕様書」「設計仕様書」などと言います。

「製品仕様書」「機能仕様書」は、ユーザー目線で作成するので《外見えの仕様書》と言えます。「内部仕様書」「設計仕様書」は、開発者のための情報なので《内向けの仕様書》です。具体的な仕様書の名称は各現場で決めるとして、仕様書には《外見え》と《内向け》の2つがあることは意識していてください。

仕様書の役割は、次の3つです。

⑴作業のインプット：作業に必要な情報。自分の作業や他者の作業の入力情報です。

⑵作業のアウトプット：あれこれ検討した結果を形にしたもの。確認（検証）した後、次の作業や他者の作業のインプットになります。最終作業のアウトプットが納品物です。

⑶組織の資産：保守資料、引き継ぎ資料。未来の自分や後任者のための情報です。

間違った情報や曖昧な情報をもとに作業することは、不良を作る原因になります。仕様書は、詳しい情報を正しく伝えるための仕組みです。面倒がらずにきちんと作成しましょう。

仕様書

仕様書は、作成する目的によって２種類ある。

◆ 外見えの仕様書　…　使う人のために作成するもの
　製品仕様書、機能仕様書 など

◆ 内向けの仕様書　…　作る人のために作成するもの
　内部仕様書、設計仕様書 など

仕様書の役割

(1)作業のインプット　　…　作業に必要な入力情報

(2)作業のアウトプット　…　作業の結果

ある作業の結果（アウトプット仕様書）が、
次の作業の入力情報（インプット仕様書）となる。

(3)組織の資産　…　保守資料、引き継ぎ資料

第四三回　ＰＤＣＡ

今回は、〃マネジメント〃の意味の「管理」に関することを述べます。

「ＰＤＣＡ」とは、Plan（計画）、Do（実行）、Check（評価）、Act 又は Action（改善）の頭文字です。改善に取り組む際には、計画↓実行↓評価↓改善↓再計画…をサイクリックに繰り返すことが基本です。このサイクルを「ＰＤＣＡサイクル」と言い、一般的に「改善サイクル」と言うとＰＤＣＡサイクルのことを示します。

ＰＤＣＡサイクルは、生産技術や品質の改善手法だと思われがちですが、実は、日常生活のあらゆる場面にＰＤＣＡサイクルは存在します。例えば、

《レシピを決める(Plan) → 調理する(Do) → 味見する(Check) → 味を調える(Act)》

これも立派なＰＤＣＡサイクルです。

「4つを繰り返す」と聞くと難しいことのように思うかも知れませんが、本質的には次の3つのことを言っているだけです。

①無計画に実行するな　②実行したら確認しろ　③確認したことを次に生かせ

ここで「次に生かす」つまり Act から Plan への戻り方には2つの考え方があります。

(1) Check の結果、目的を達成していない場合、Plan を修正して再挑戦する

(2) Check の結果、目的を達成している場合、目的をレベルアップして新たな Plan を作る

つまりＰＤＣＡの前には、本来『Target（目的、狙い）』が存在するのです。実際、改善サイクルを「Plan-Do-Check-Act」ではなく、「Target-Plan-Do-See」とする会社もあります。

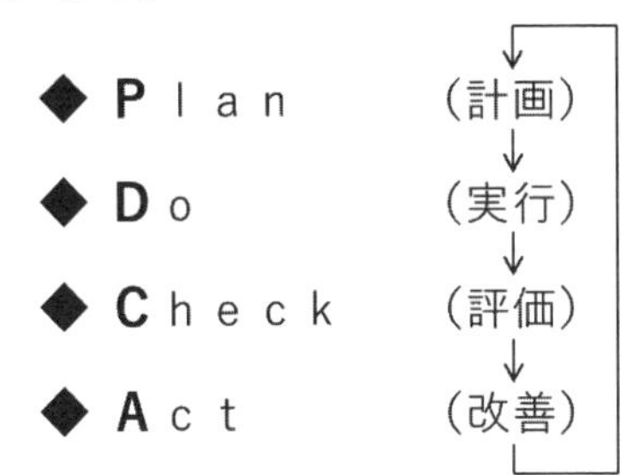

このサイクルを『ＰＤＣＡサイクル』と言う。
ＰＤＣＡサイクルを回して、狙いの達成を目指す。

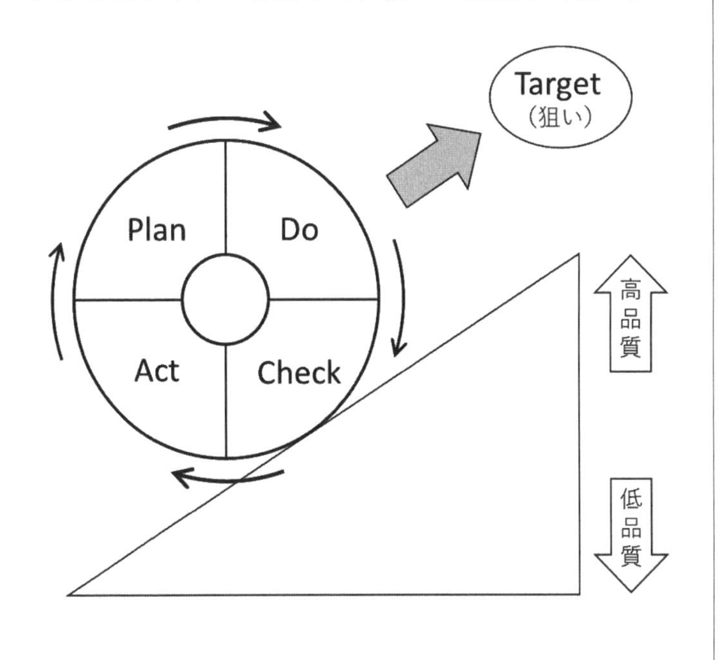

第四四回　ＰＤＣＡの本質

「ＰＤＣＡ」で検索すると多くの解説ページがヒットします。当然、中には批判的なサイトもあります。その多くは、「時間がかかる」「変化に対応できない」という内容です。しかし、それらはＰＤＣＡの本質を理解していない、と私は考えています。

品質管理に限らず多くの物事は、一つの単純な流れで動いているのではありません。小さな流れや大きな流れが絡みあって進んでいるのです。作業報告を例に考えてみましょう。毎日作成している「作業報告」は日レベルの報告であり、月曜の朝礼が週レベルの報告です。そして、おそらく管理職以上による定例会（月レベル）が行われていると思います。さらに、会社には年度毎の計画や予算があり、大企業では数年単位の中期計画があります。このように、組織の大きさや管理レベルによって大きさの異なる計画や報告が存在し、それらが互いに関係し合って動いているのです。

また、計画を立てて実行するとき、多くの場合、終わるまで放置したりせず、経過を見て途中でやり方を見直すでしょう。つまり、「計画→実施→最終評価」という大きなサイクルの中に、「中間評価→軌道修正→再評価」という小さなサイクルが存在するのです。これが実際のＰＤＣＡの姿です。このように、大小様々なＰＤＣＡサイクルをどう組み合わせるかを考えて、全体として最適な改善サイクル（変化に素早く対応できるサイクル）を作ることが重要なのです。

ＰＤＣＡの本質

大小様々なＰＤＣＡサイクルが、互いに関係し合って動いている。これらのサイクルをどう組み合わせるか考えて、全体として最適な改善サイクルを作ることが重要。

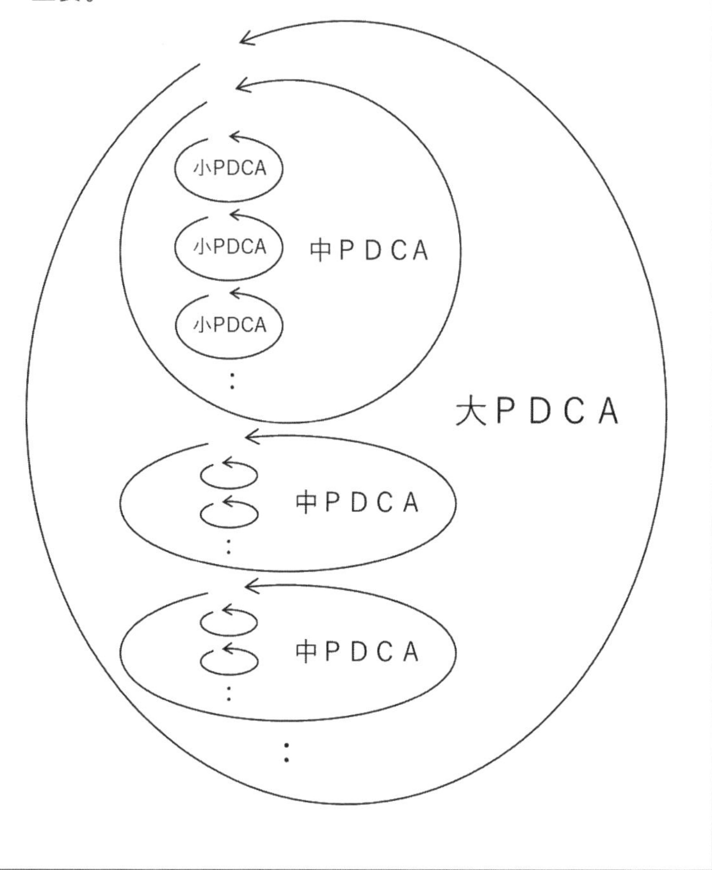

第四五回　計画、計画書

「計画」は物事を進める際の〝作戦〟であり、「計画書」は計画を文書にしたものです。

計画の目的は、物事を成功に導くことです。「スケジュールを決めることが計画だ」と考える人もいますが、物事を成功に導くにはスケジュールだけでは不十分です。『誰がやるか（役割分担、責任と権限）』『どのようにやるか（手順、環境、設備）』『どの程度やるか（出来栄え基準、完了基準）』なども計画で明確にする必要があります。

計画書の目的（計画を文書にする目的）は、きちんとした計画を立てて、それを実行することです。具体的には、次のようなことが計画書の役割です。

・計画を立てる際に考えを整理するための道具
・計画の承認を得る本体
・計画の内容を関係者に周知徹底するための道具
・計画の達成度を判断するための基準書
・初級者や未経験者に対する教育資料
・次回の計画のための参考情報

計画は、状況の変化に応じて見直すことが必要です。つまり軌道修正です。しかし、安易な変更は禁物です。計画を変更する時には、「状況がどう変化したのか」を見極めて「状況の変化に対応するにはどうしたらよいか」をよく考えましょう。行き当たりばったりは「無計画」と同じです。無計画は「無謀」につながります。

計画、計画書

◆『計画』の目的は、物事を成功に導くこと。

《計画の内容》

・スケジュール
・役割分担、責任と権限
・手順、環境、設備
・出来栄え基準、完了基準　など

計画は、状況の変化に応じて見直すことが必要。

◆『計画書』は、計画を文書にしたもの。

《計画書の役割》

・計画の検討中に考えを整理するための道具
・計画の承認を得る本体
・計画の内容を周知徹底するための道具
・計画の達成度を判断するための基準書
・初級者や未経験者に対する教育資料
・次回の計画のための参考情報

第四六回　見積り

何事も計画が大切です。しかし、闇雲に立てた計画では意味がありません。計画は、ＱＣＤ（品質、コスト、納期）を実現するための作戦です。作戦を立てるには、まず敵の強さを知る必要があります。作業計画であれば、敵の強さを示すものの代表は作業量です。この作業量を見極めることを「見積る」と言います。

「見積り」とは、金額、規模、期間、作業量などを前もって計算（概算）することです。元々は商取引の言葉ですが、「概算」という意味で金額以外でも使われます。現代では、金額とそれ以外の見積りとでは少しニュアンスが違います。

「見積書」は本来、価格や費用の見込みの金額を示したものです。しかし、見積書を渡した時点で価格を確約したと見なされがちです。この〝確約したと見なされる〟点が、金額の見積りと他の見積りの違う点です。ちなみに、金額がまだ未確定であることを示すために、初期の見積書では「別途、正式な御見積りを提出いたします」と明示する会社もあります。また、大規模受注の場合、費用の見積りを多段階にすることもあります。

商取引での慣例的な手続きを除くと、見積りの本質は「予測」です。作業量の見積りも予測ですが、当てずっぽうではなく精度を高める努力が必要です。例えば以下のような取り組みです。

①納品物や作業を細分化して、個々に予測して積み上げる。
②結果を確認して、見積りが違っていた原因を分析し次回に備える。

見積り

『見積り』とは、大きさを前もって概算すること。
金額の見積りや規模の見積りなどがある。

◆ 金額の見積り

・社内向け … 原価見積り（QCDの "C"）

仕入れ値や規模の見積りなどから求める

・お客様向け … 費用見積り、御見積書

本来は見込み値だが、見積書を提示した時点で
「確約した」と見なされがちなので注意が必要

◆ 規模の見積り

長さ、容量、重さ、個数、期間、作業量など。

これらは予測 ⇒ 精度を高める努力が必要

第四七回　作業量の単位「工数」

作業量を見積る際、「工数」という単位を用います。これは、人数と期間を掛け合わせた数値です。例えば、

・16人時：　1人で16時間　＝　2人で8時間　＝　4人で4時間
・10人日：　1人で10日間　＝　2人で5日間　＝　5人で2日間
・4人月：　1人で4カ月　＝　2人で2カ月　＝　4人で1カ月

これによって作業量を見積ると、納期までの日数から逆算することで必要な作業者のおおよその人数が決まります。すなわち、計画の「誰が」が決まります。

ただし、「誰が」を決めるためには、もう1つ重要なことを見極める必要があります。それは作業者のスキル（力量）です。人によって作業のスピードが違うからです。作業を細かく割当てる際には、個々の作業者の得手・不得手を考慮しなければなりません。頭数だけ揃えればいいというわけではないのです。そのためには、作業者のスキルを把握しておく必要があります。

工数を考える上で、もうひとつ注意しなければならないことがあります。それは、単位の変換です。例えば、「1人日は何人時？　1人月は何人日？」、すなわち、1日当たりの作業時間や、1カ月当たりの作業日数です。事務作業時間や、休日および休暇の日数などを想定しなければならないので、そう単純なことではありません。人によってこの認識が違っていると、全体の計画やその後の管理がうまくできないので、きちんと決めておく必要があります。

作業量の単位「工数」

作業量の大きさは『工数』で示す。

工数は「人数 × 時間」で求める。例えば、

- 4人で2時間なら： 8人時
- 3人で3日なら　： 9人日
- 2人で2カ月なら： 4人月

工数を見積ることで、作業日数から逆算して作業者のおおよその人数が決まる。

《作業量によって詳細計画を考える際の注意点》

①作業者個人の力量 …… 人によって力量は違う。
頭数だけ揃えればいいわけではない。

②工数単位の変換
1人日は何人時？
1人月は何人日？

第四八回　目標

目標とは、行動する際に〝どこまでやるか〟や〝いつまでにやるか〟を示す水準のことです。計画項目の一つであり、途中で「達成しそう／難しそう」を判断して必要な対策を講じるための根拠です。また、行動を監視する際の基準にもなります。

終了後に結果を分析して次回に生かすため、目標は「達成／未達成」を明確に判断できることが必要です。例えば、単に「品質を高める」という目標ではなく、「年間のクレームをX件以内にする」といった具体的な目標にすることが大切です。

何かを成し遂げようとするとき、まず到達したい目標（達成目標）を掲げ、そのために何をどこまでやるか（行動目標）を決意します。つまり、目標には『到達点を示す目標』と『行動の程度を示す目標』の2つがあるのです。ところが、これらがゴチャゴチャになることがよくあります。〝手段が目的になる〟ことがあるのです。

例えば、健康のために毎日1時間歩くと決意したとします。「達成目標：体重○kg以内、行動目標：毎日1時間歩く」です。この時、1時間歩いたあと「喉が渇いたからジュースやビールを」「疲れたから甘いものや焼き肉を」となることがありませんか？　〝健康〟という達成目標から目をそらして、〝1日1時間歩く〟という行動目標を達成したことに満足して（言い訳にして）しまうのです。このようなことは仕事でも私生活でもよくあります。そうならないように、常に達成目標と行動目標を意識しましょう。

目標

目標とは、「どこまでやるか」を示す水準。

・PDCAの［P］の一つ

・行動［D］を監視する基準

・途中経過や最終結果を判断する基準 …［C］

（達成しそう／難しそう、達成した／達成しなかった）

→ 明確に判断できることが大切。

目標には２つある。

◇ 達成目標 … 到達点を示す目標

◇ 行動目標 … 行動の程度を示す目標

達成目標と行動目標が混乱することがある。

手段（行動）が目的にならないように注意！

第四九回　目標と行動のブレイクダウン

達成目標と行動（および行動目標）は上下の関係ですが、それは幾つもの階層を成すことがあります。例えば、「1年間で30万円貯める」という目標は、「毎月2万5千円」さらには「毎日8百円ちょっと」と細かくすることができます。30万円は大金なので難しそうですが、毎日8百円くらいならできそうな気がしますね。また、達成目標に対する行動は、1つではなく複数設定することもあります。例えば、お金を貯めるためには「仕事（収入）を増やす」と「無駄遣いを減らす」の両方行うのが普通でしょう。このように、あることを《より深く、より細かく》分解していくことを『ブレイクダウン』と言います。

大リーグで大活躍している大谷翔平選手は、高校1年生の時に「ドラフト1位8球団」という夢（大目標）を掲げました。そして、その夢を達成するために8個の中目標を設定し、そのための行動をそれぞれ8つ（計64個）設定したそうです（詳しくは〝マンダラチャート〟で検索）。それを一つ一つ実践したことで今の活躍があるのです。大谷選手に限らず一流のアスリートなど何かを成し遂げた人の多くは、大きな目標を小さな目標に分解（ブレイクダウン）して、一つ一つクリアすることで夢を実現させたとよく聞きます。

目標と行動のブレイクダウンは、アスリートに限らず、品質や仕事など多くの場面でも効果的です。大きくて挫けてしまいそうな目標でも、実現できる小さなことに分解して取り組むのです。

目標と行動のブレイクダウン

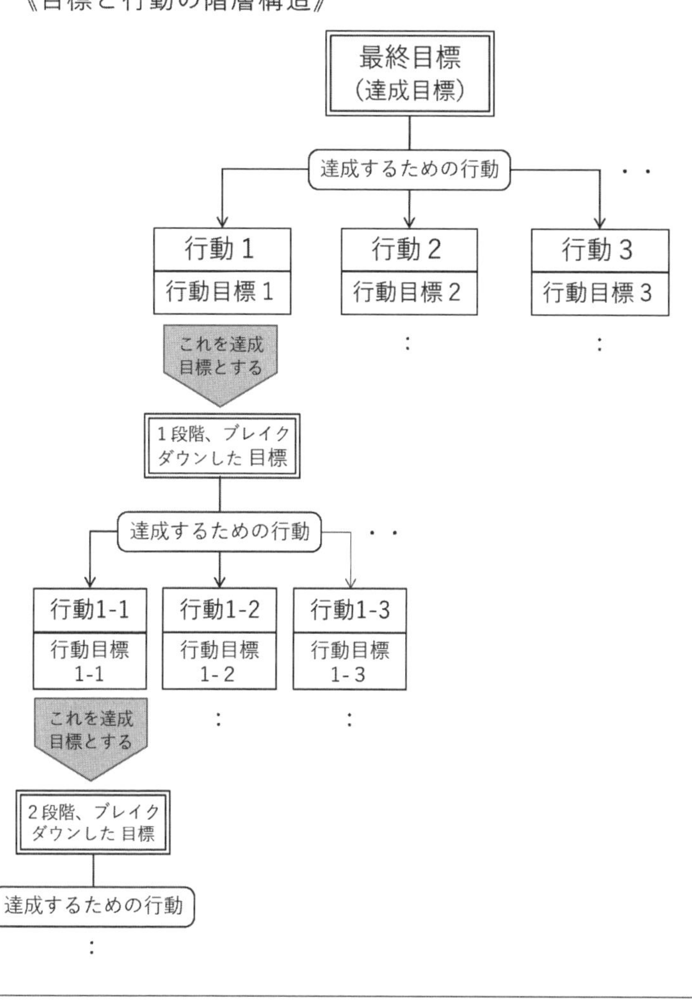

第五〇回　問題と課題

今回から、ＱＣ活動について少し述べます。

ＱＣ（品質コントロール）は、単に不良や問題を検知するだけでなく、それらを生む根源を断つことも重要な取組みです。その手法としてＱＣサークルやＱＣストーリーがあります。ＱＣサークルは、チームで品質改善に取り組むための組織運営手法です。ＱＣストーリーは、品質管理における問題や課題を解決する際のアプローチ手法です。

ＱＣストーリーは、対象の違いによって「問題解決型ＱＣストーリー」と「課題解決型ＱＣストーリー」があります。ここでの〝問題〟と〝課題〟とは、次のことを言います。

【問題】あるべき姿と現状とのギャップ（差）。例えば、それまで１００できていたことが80しかできなくなったとき、その差である20が〝問題〟です。

【課題】ありたい姿と現状とのギャップ（差）。例えば、現状１００できていることを１２０できるようにしたいとき、その差である20が〝課題〟です。

問題と課題は、どちらも「目指すレベルと現状との差」であり本質的には同じですが、その解決方法は少し違います。問題解決が「できていた頃（過去の状態）に戻すこと」であるのに対して、課題解決は「さらなる高み（未知の領域）を目指すこと」であるため、そのアプローチが少し異なるのです。その違いは、次回述べます。

問題と課題

問題　…　あるべき姿と現状とのギャップ

課題　…　ありたい姿と現状とのギャップ

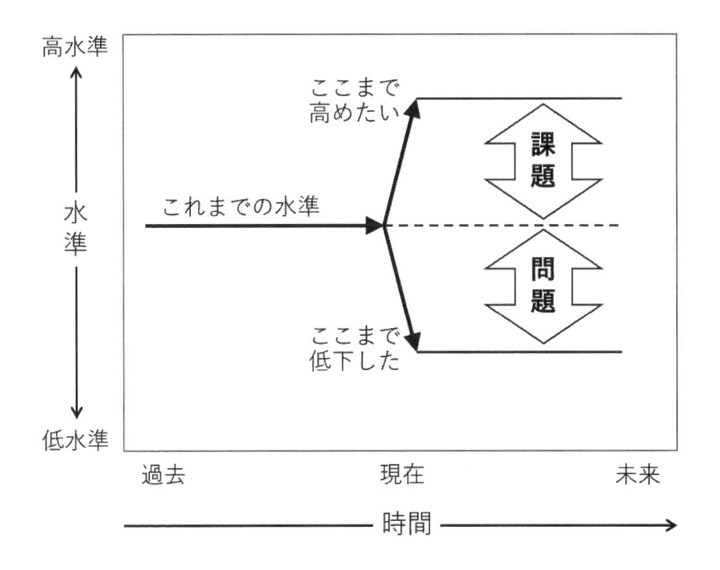

第五一回　ＱＣストーリー

ＱＣストーリーの手順は、人によって微妙に違いますが、概ね以下です。

①テーマ選定　②ギャップの明確化
③計画作成…達成目標の設定を含む
④原因の特定（問題解決型）、対策の検討（課題解決型）
⑤対応策の決定（問題解決型）、最善策の選択（課題解決型）
⑥行動目標の設定と実施　⑦効果の確認
⑧定着、ルール化

これは改善サイクルですね。すなわち、①②が Target、③④⑤が Plan、⑥が Do、⑦が Check と Act で、⑧は改善内容をルールにすることです。

問題解決型ＱＣストーリーと課題解決型ＱＣストーリーの大きな違いは④⑤です。問題解決型は、できていた過去の状態に戻すことなので、できなくなった原因が分かれば対策が決まります。一方、課題解決型は未知への挑戦なので、複数の対策案を考えた上でその中から最善だと思われる策を決めます。すなわち、問題解決型の④⑤は《特定と対応付け》であり、課題解決型のそれは《洗い出しと選択》です。

問題解決型で原因を特定する目的は、原因を取り除くことで元の状態（できていた状態）に戻すことです。これはISO9001の〝是正処置〟と同じです。ＱＣストーリーは随分昔に考えられたものですが、現代の品質管理の多くの考え方と関係しています。

ＱＣストーリー

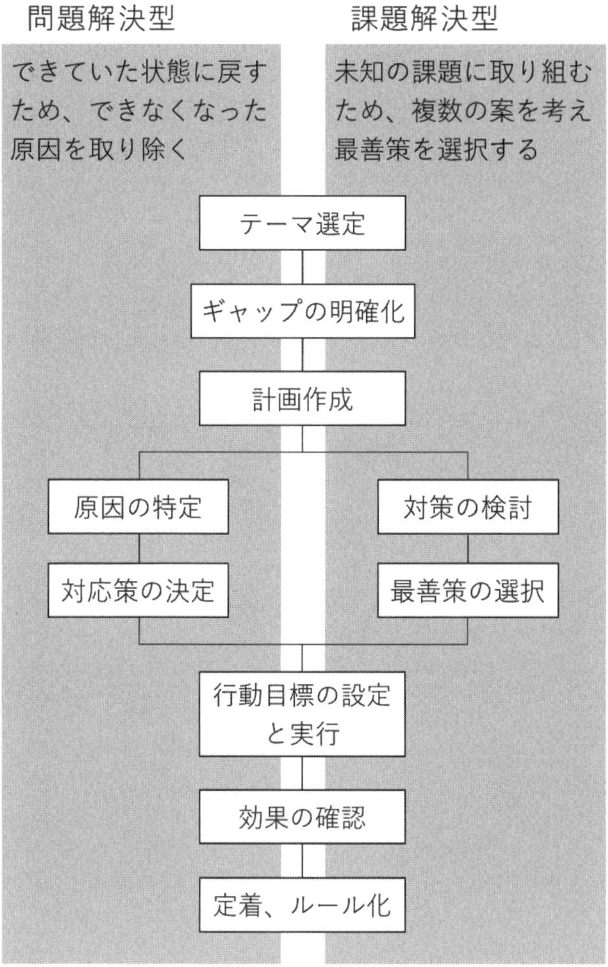

問題解決型	課題解決型
できていた状態に戻すため、できなくなった原因を取り除く	未知の課題に取り組むため、複数の案を考え最善策を選択する

テーマ選定
↓
ギャップの明確化
↓
計画作成
↓

問題解決型	課題解決型
原因の特定	対策の検討
対応策の決定	最善策の選択

↓
行動目標の設定と実行
↓
効果の確認
↓
定着、ルール化

第五二回　ＱＣ７つ道具

ＱＣストーリーに出てきた「明確化、設定、特定、決定、選択」などを行う際、収集した数値データや言語データ（言葉による情報）などを分析することが必要になります。その手法として、『ＱＣ７つ道具』と『新ＱＣ７つ道具』があります。

◆ＱＣ７つ道具…　特性要因図、チェックシート、グラフ、ヒストグラム、パレート図、散布図、管理図。また、グラフやヒストグラムにおいて〝層別〟も重要な概念です。パレート図と管理図は前に述べましたね。

◆新ＱＣ７つ道具…　親和図法、連関図法、系統図法、マトリックス図法、アローダイアグラム、ＰＤＰＣ法、マトリックスデータ解析法。

各手法の詳細は、多くの解説サイトがあるのでそれで確認してください。ここでは、言語データを分析・整理する手法について簡単に紹介します。

【特性要因図】ある結果について、その原因を対象の特性毎に洗い出すための手法です。その形状から、〝フィッシュボーン（魚の骨）〟と呼ばれています。

【親和図法】一見まとまりのない言語データを整理するための手法です。分類ではなく、同じことを言っているものを集約して整理する手法です。《ＫＪ法》とも言います。

【連関図法】連続してつながっている原因と結果の関係を整理し、複雑に絡み合った因果関係を図示する手法です。

【系統図法】物事を系統立てて整理し、体系的に掘り下げるための手法です。

ＱＣ７つ道具

データを収集し分析する手法

◆ ＱＣ７つ道具

特性要因図、チェックシート、グラフ、ヒストグラム、パレート図、散布図、管理図

◆ 新ＱＣ７つ道具

親和図法、連関図法、系統図法、マトリックス図法、アローダイアグラム、PDPC法、マトリックスデータ解析法

《要因特性図》

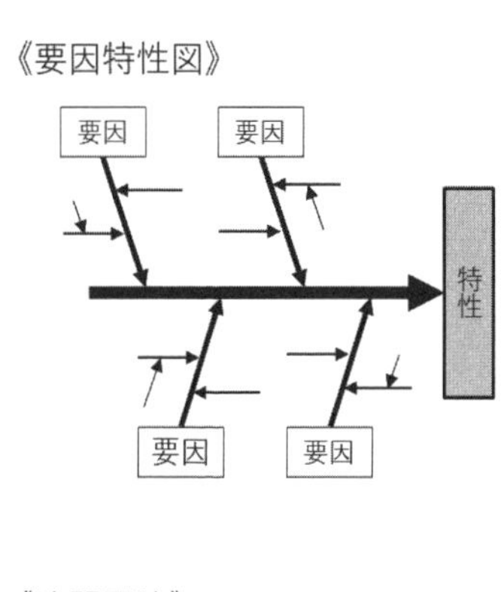

《親和図法》

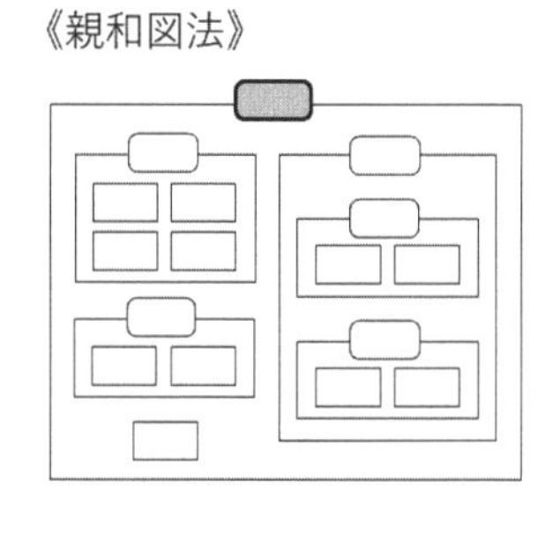

《連関図法》

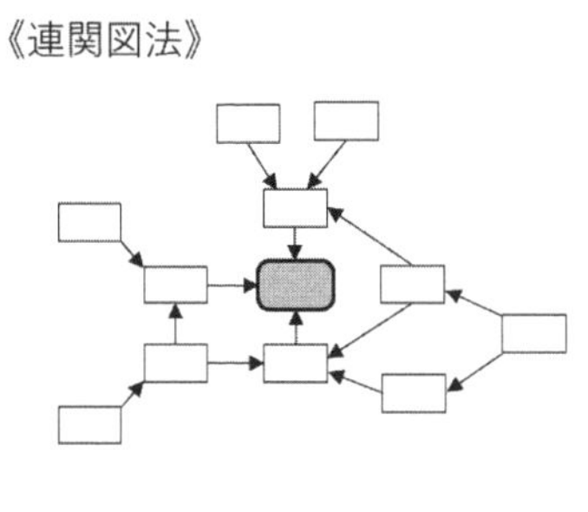

《系統図法》

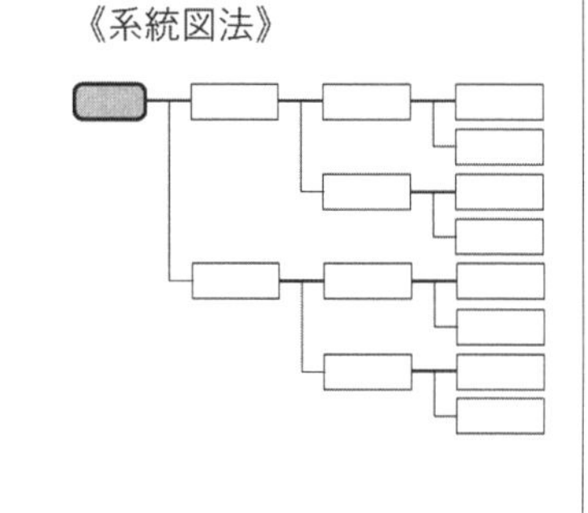

第五三回　データの見方

数値データを見る時、ただ見るだけでは重要なことを見逃す危険があります。それが何を意味するのか考えながら見ることが必要です。そこで、次のような順番で見ることをお勧めします。

①大小を見る　…　組織の基準値や過去の実績値などと比較して、大きいか／小さいか、多いか／少ないか、を見ます。

②偏りを見る　…　データの構成要素を詳しく見て、特定の項目に偏っていないかを見ます。棒グラフや円グラフが有効です。

③推移を見る　…　時間や工程などのデータがあれば、それによって値がどう変化しているかを確認します。折れ線グラフが一般的です。

④個々を見る　…　他から突出した値(散布図の〝外れ値〟など)を確認して理由を推測します。それにより、想定外の原因が見えることがあります。

⑤仮説を立てる…発生した現象（①~④）の理由や因果関係などを推測し、仮説を立てて検証します。さらに、この先どうなるかを予測します。

これらを行っても、「傾向や因果関係が見えない」「推測が難しい」「仮説と検証結果の食い違いが多い」という場合は、異なる条件のデータが混在している可能性があります。そのような場合は、特定の条件によってデータを分類してから分析すると解決することがあります。これを『層別』と言います。例えば、工場別、装置別、年代別などです。

データの見方

①大小を見る

基準値や過去の値と比較する。

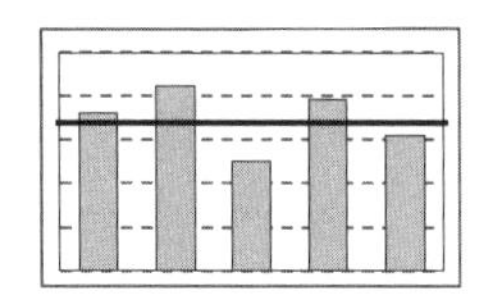

②偏りを見る

項目毎の偏りを確認する。
棒グラフや円グラフなど。

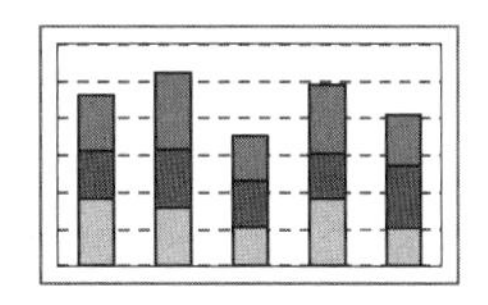

③推移をみる

値の変化を確認する。
折れ線グラフ。

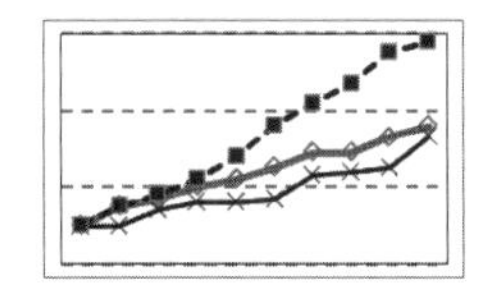

④個々を見る

突出した値（外れ値）について、
理由を推測する。

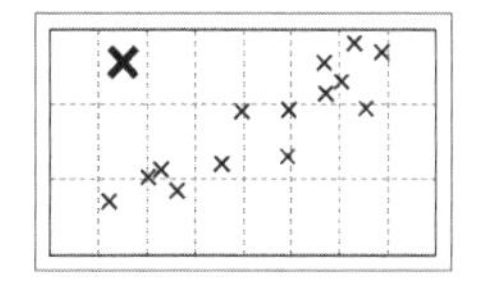

⑤仮説を立てて検証する

現象（①～④）の理由を推測し、仮説を立てて検証する。
さらに、この先を予測する。

第五四回　定量的、定性的

定量的とは、大きさを数値で表すこと（例えば、個数、回数、長さ、重さ、温度など）です。定性的とは、大きさを感覚で表わすこと（例えば、美しさ、分かりやすさ、面白さなど）です。定量的≒客観的、定性的≒主観的と言えます。今では多くの分野で定量化が重視されていますが、定性情報が不要なわけではありません。例えば、消費者の購買要因は主観的であることが多いため、マーケティングでは定性情報も非常に重要です。

情報の定量化が重視される理由は、分析や判断の際に誰もが同じ認識を持つ必要があるため、客観的な尺度が必要だからです。同じ理由で、定性情報もできるだけ定量的に測定するようになってきています。例えば、教育や説明会などで

【1．とても簡単　2．やや簡単　3．ちょうどよい　4．やや難しい　5．とても難しい】

というようなアンケートをよく目にしますね。これは、定性情報を段階的にすることで測定できるようにした工夫です。しかし、これらの回答には回答者の主観が入っているので、そのまま鵜呑みにすることは危険です。例えば、几帳面な性格の人は悲観的、大らかな性格の人は楽観的な回答をする傾向があります。

定性情報の定量データはあくまでも傾向を掴むための情報と考え、詳しい分析は個々の定性情報にきちんと向き合うことが必要です。そのためには、上記のような段階評価とは別に、感想や提案などを自由に記述できる回答欄を設けることも必要です。

定量的、定性的

【定量的】大きさを数値で表すこと
個数、回数、長さ、重さ、温度など
… 客観的

【定性的】大きさを感覚で表すこと
美しさ、難しさ、面白さなど
… 主観的

分析や判断では客観的な情報が必要なため、
定量的なデータが重視される。

《定性情報を定量化する工夫》
例：段階評価によるアンケート調査
1. とても簡単
2. やや簡単
3. ちょうどよい
4. やや難しい
5. とても難しい

ただし、これらの数値には主観が入っている。
アンケート調査では、段階評価とは別に個々の意見も
集めて、きちんと向き合うことも必要。

第五五回　デジタル化

定量データは「測定できるもの」ですが、それには2種類あります。「カウントするもの（個数や回数など）」と「目盛を読むもの（長さや重さなど）」です。前者は自然数（飛び飛びの値）で、後者は飛び飛びではなく連続した値です。しかし、本来連続した値もデータにすると段階的な値になります。これが『デジタル化』です。例えば、〈9.5~10.499… ㎜〉の範囲の寸法は、1ミリメートル単位のデータにすると皆［10㎜］となります。また、［10.0㎜］は、0・1ミリメートル単位でデジタル化した時の〈9.95~10.0499… ㎜〉の範囲の寸法です。

デジタル化とは、「連続的なデータを、定めた範囲で切り取って代表値に丸めること」です。それにより、計算や伝送が楽になるので便利なのです。デジタルは万能だと思われがちですが、情報を丸めるので実際の値と微妙に違うという欠点があります。その微妙な差が誤差として許される程度にまで、丸める範囲を小さく（細かく）する必要があります。

定性データは「数えられないもの」ですが、前回例示した〃段階評価〃にすることで定量化することが可能です。これもデジタル化です。きめ細かいデータを取る場合は、〃10段階評価〃のように粒度を細かく（丸める範囲を小さく）しますが、粒度を細かくするとデータ数が増えて収集や分析の手間が増えるとともに、主観による影響も大きくなります。逆に最も単純な定性評価が〃2段階評価〃すなわち「その状態であるか／ないか」です。定性評価では、「Ｙｅｓ／Ｎｏ」の情報が意外に有効です。

デジタル化

定量データには２種類ある。

1. カウントするもの
   個数、回数など … 自然数（飛び飛びの値）
2. 目盛を読むもの
   長さ、重さ、温度など … 実数（連続した値）

《デジタル化》とは、連続した値を定められた範囲で切り取って、代表値に丸めること。

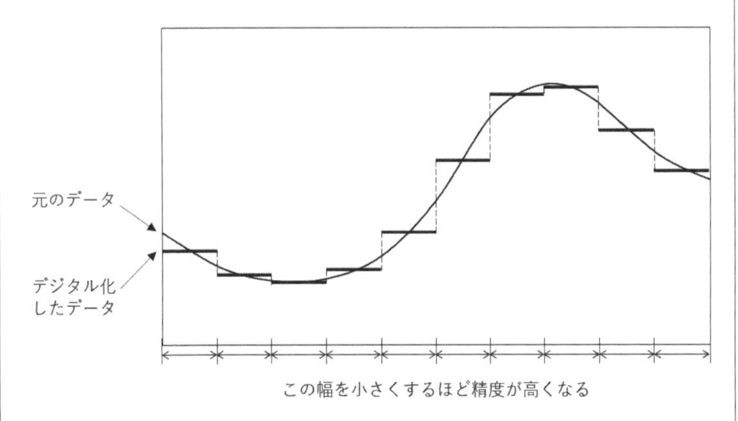

第五六回　データの錯覚

採られたデータを解釈する際に陥りがちな錯覚を幾つか挙げます。注意してください。

①マラソンで、3位を走っている選手を追い抜きました。何位になったでしょうか？　2位になったと思ったら間違いです。3位の選手と入れ替わったので3位です。

②建物の3階と6階とで高さが2倍違うと感じるのは間違いです。1階との差は2階分と5階分なので、（5 ÷ 2 ＝ 2.5）倍違います。数列には、0から始まるものと1から始まるものがあります。基点がどこなのか注意してください。

③増加率が10％から1％に下がった時、数が減ったと思うのは間違いです。増加率がプラスであれば増加し続けています。「××率」には十分注意しましょう。

④管理策や強化策に賛成の人が40％、反対の人が60％の時、賛同が得られなかったと思うのは間違いです。反対した人の中には「厳しすぎる」と「緩すぎる」という正反対の意見の人が含まれます。仮にそれらが同数だとすれば、「厳しすぎる：30％」「緩すぎる：30％」「丁度良い：40％」となり、これは、賛同が得られたと考えるべきではないでしょうか。二択ではなく三択で調査すべきです。

2つの異なる意見がある時、すべてを「AかBか」の二択で問うのは危険です。「Aがよい」「Bがよい」「どちらでもよい」「どちらも反対」の四択である可能性があるからです。本当に二択の問題なのか、他に選択肢はないのか、よく考えましょう。

データの錯覚

1．３位を走っている人を追い抜いたら何位？

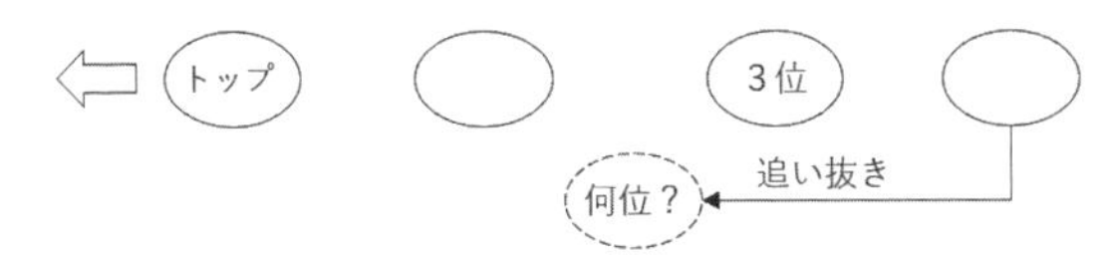

2．建物の３階と６階では、高さは何倍違う？

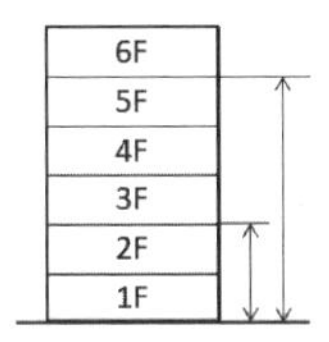

3．増加率が10%から1%に低下。数は減ったのか？

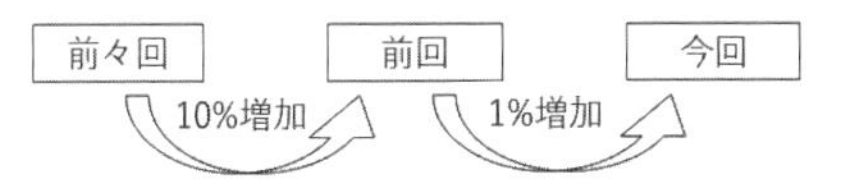

4．賛成40%、反対60%。賛同が得られなかったのか？

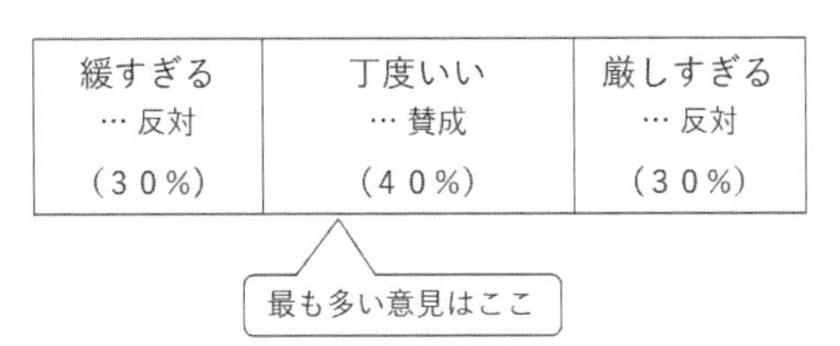

第五七回　ポートフォリオ分析

データ分析には様々な手法がありますが、中でも『ポートフォリオ分析』は簡単で分かりやすいのでお勧めします。

ポートフォリオは元々〝書類入れ〟のことで、それが転じて「全体像を示すもの」という意味でいろいろな分野で用いられています。ここでの『ポートフォリオ分析』は、2つの測定項目を縦軸と横軸に配置したグラフを、測定項目の大小によって4つのエリア（象限）に分割したものです。これに測定データをプロットすることで、対象の現在の位置を確認することができ、今後の方針や方向性の検討に役立てることができます。

例えば「プロダクト・ポートフォリオ・マネジメント」は経営分析手法として有名です。これは、〝市場成長率〟と〝市場占有率〟を2軸とした図で、これに製品・サービスや事業毎のデータをプロットすることで、投資、拡大、回収、撤退などの経営判断に役立てるものです。

ポートフォリオ分析は、工夫次第で様々なことに活用できます。もちろん品質管理でも使えます。例えば、品質強化策を検討する際、〝平均故障間隔〟と〝平均復旧時間〟を2軸として各製品の値をプロットすることで、対策の優先順位付け（例えば、品質管理を強化するか／保守体制を強化するか）に使うことができます。

ポートフォリオ分析以外にも、複数の項目を組み合わせて見ることは非常に有効です。散布図、ゾーン分析、積上げグラフなど、いろいろ工夫してみましょう。

ポートフォリオ分析

２つの測定項目によって４つのエリアに分割した図。これにより現在の位置を確認することで、今後の方針や方向性の検討に役立てる。

例１：プロダクト・ポートフォリオ・マネジメント

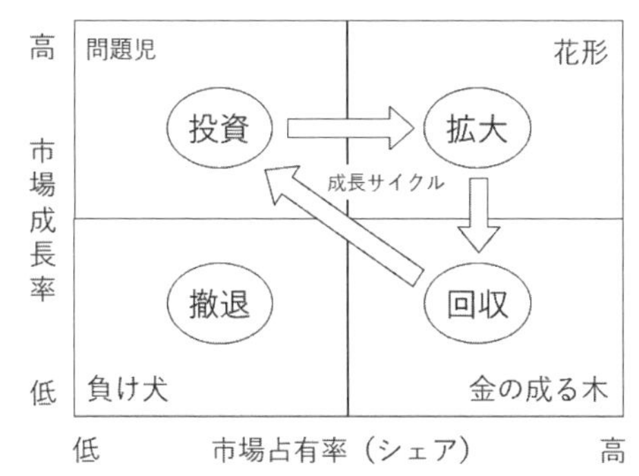

例２：品質管理への応用

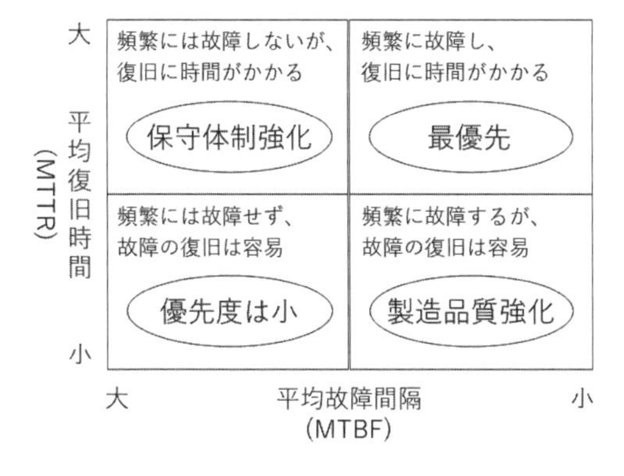

第五八回　リスク

まだ起こっていないが起きるかも知れないことを「リスク」と言い、リスクに備えることを「リスク管理」と言います。起きたことに対する行動はリスク管理ではなく、問題解決や是正処置（再発防止）の範疇です。

起きるかも知れないことには、《良くないこと》と《良いこと》があります。同様にリスク管理には、《良くないことを防ぐこと》と《良いことを生かすこと》があります。リスクと聞くと悪いことのように思いがちですが、プラスに働くリスクもあることを覚えておいてください。

経営手法であるＳＷＯＴ分析では、マイナスに作用する外的要因を「脅威」、プラスに作用する外的要因を「機会」と言います。「機会損失」という言葉を聞いたことがある人もいると思いますが、これは「利益を得られる機会（チャンス）を逃すこと」です。例えば、需要が急増したのに生産が間に合わなかったために儲け損なうことが機会損失です。需要増というプラスのリスクを想定していなかったために、内部環境の変更を怠った結果生じた損失です。品質でも同じことが言えます。品質や生産性が想定以上に良い場合、それによって生じた余力を他の開発や勉強や改善活動などに投入すればさらに飛躍することができますが、単に「良かった、良かった」と喜んでいるだけでは機会損失に陥ります。悪いことも良いことも含めて、将来どんなことが起り得るかを考えて、それに備えましょう。

リスク

まだ起こっていないが“起きるかもしれないこと”。
「プラスのリスク」と「マイナスのリスク」がある。
それらに備えることが《リスク管理》。

	良くないこと	良いこと
起きるかもしれないこと（リスク）	良くない影響を防ぐ	良い影響を生かす
	リスク管理	
起きたこと	繰り返さない 再発防止	繰り返す 定着、拡散

《ＳＷＯＴ分析》

現状を知る

	プラス要因	マイナス要因
内部環境	強み (Strength)	弱み (Weakness)
外部環境	機会 (Opportunity)	脅威 (Threat)

⇒

施策の策定

	機会	脅威
強み	強みを生かして機会をとらえる施策	強みを生かして脅威を回避する施策
弱み	弱みによる機会損失を減らす施策	最悪の事態を回避する施策

第五九回　リスクの計測

　起きるかも知れないことをただ漠然と心配しているだけでは何も対策できません。限られた時間や費用の中でリスクを管理するためには、優先順位を決める必要があります。頻繁に起きて影響が大きいリスクが最優先なのは分かりますね。滅多に起きなくて、起きても影響が小さいリスクは放置してもいいでしょう。それでは、頻繁に起きるが起きても影響が小さいリスクと、それほど起きないが起きると影響が大きいリスクでは、どちらの対応を優先すべきでしょうか？

　優先順位は、数値を用いると判断が明確です。リスクの場合はリスクの大きさを示す数値です。これは、「発生した時の影響の大きさ×発生確率」で求めます。すなわち、発生確率による重み付けです。例えば、

【リスクＡ】影響：１００万円損失、発生確率：80％　→　リスクの値＝80万円
【リスクＢ】影響：３００万円損失、発生確率：20％　→　リスクの値＝60万円

この場合、リスクの値が大きい【リスクＡ】を優先的に対応します。これは、「確率」の授業で習う『期待値』ですね。最近は期待値を扱わない学校もあるようですが、エンジニアを目指すからには覚えておきましょう。

　ちなみに実際のリスク管理では、リスクの軽減度合いや費用なども考慮するので、先の例のように単純ではありません。リスクの対応策にはいろいろあるのです。リスク対応策については次回述べます。

リスクの計測

リスクの値 ＝ 発生した時の影響の大きさ×発生確率

《例》

	影響の大きさ	発生確率	リスクの値
リスクＡ	１００万円	８０％	100×0.8= ８０万円
リスクＢ	３００万円	２０％	300×0.2= ６０万円

（リスクＡの値 ＞リスクＢの値） なので、
リスクＡの対応を優先する。

第六〇回　リスク対応

今回は、リスクに備えるための対応策について述べます。マイナスのリスクを想定します。

起こるかも知れない悪いことの対応策には、大きく次の４つがあります。

⑴　発生する確率を下げる　：　回避、予防

滅多に起きないようにすること。理想はゼロにする（起こさせない）ことです。

例えば、運転事故を起こさない究極のリスク回避策は、運転しないことです。

⑵　発生した際の影響を小さくする　：　軽減、低減

起きることを前提として、その影響をできる限り小さくすることです。

例えば、シートベルトは、事故を前提として死亡リスクを小さくするためのものです。

また、ロールプレイングゲームの途中でセーブを繰り返すのは、ゲームオーバーになった時への備えですね。

⑶　影響の性質を変える　：　移転、転換、分散

影響の対象、方向、密度などを変えることです。

例えば、自動車保険や健康保険などは、突然発生する大出費に備えるためのものです。

⑷　何もしない　：　保有、許容、容認

リスクがあることを分かった上で、敢えて何もしないことです。

一つのリスクに対する対応策は一つだけということはありません。上述の対策を組み合わせて対応するのが一般的です。

リスク対応

《マイナスのリスクに備えるための対応策》

1．回避、予防　… 発生しないようにする

2．軽減、低減　… 発生した時の影響を小さくする

3．転換、分散　… 影響の性質を変える

4．保有、許容　… 何もしない

これらを組み合わせて対応する。

第六一回　プロジェクト

ある目的のための特別な業務を「プロジェクト」と言います。NHKのテレビ番組「プロジェクトX」のあれです。あの番組を見ると、プロジェクトがとても難しいことのように思うかも知れませんね。しかし、プロジェクトマネジメント協会（PMI）は〝プロジェクト〟を次のように定義しています。

『独自のプロダクト、サービス、所産を創造するために実施する有期性のある業務』

ここで「独自の〇〇を創造する」とは、「自分たちの〇〇を作る」という意味ではありません。「今までにないものを造る（成し遂げる）」という意味です。また、定義にはありませんが、多くのプロジェクトは組織横断的な特別チームで動きます。よって、プロジェクトとは次のようなものであると考えてください。

『今までにないことを、知恵と工夫とチームワークで、期間内に成し遂げる業務』

①今までにない　…　通常の定形業務ではない。（全く同じプロジェクトはない）
②知恵と工夫で　…　教育・訓練や過去の業務で得た知識や経験を組み合わせる。
③チームワーク　…　計画書、文書管理、コミュニケーションなどで意思統一を図る。
④期間内に成し遂げる　…　目標と進捗管理、移行判定とその基準が重要。

キーワードの多くはこれまでに述べましたね。プロジェクト管理と品質管理は非常に密接に関係しているのです。

プロジェクト

今までにないことを、知恵と工夫とチームワークで、期間内に成し遂げる業務。

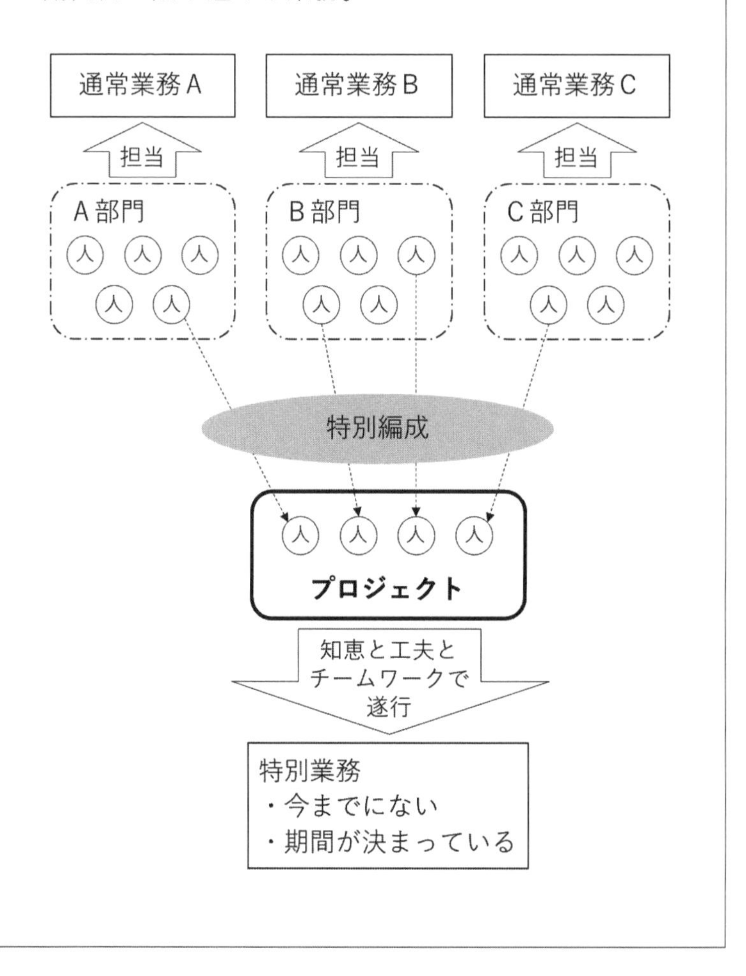

第六二回　プロジェクトの成功と組織の成功

プロジェクトの成功とは、「予定の機能と品質を、予定の費用で、予定通りに完了する」ことです。つまりQCDです。また、各プロジェクトにはそれ独自の狙い（例えば、要員の育成、お客様の信頼獲得など）があり、それらを達成することも成功条件の一つです。

プロジェクトを成功に導く手法（すなわち〝プロジェクト管理〟）については専門書などで勉強してください。ここでは、プロジェクトの成功の先にある「組織の成功」について3つ述べます。これからエンジニアを目指す人にとってはまだ先のことですが、いずれ直面します。

一つ目は「すべてのプロジェクトの成功」です。組織内に複数のプロジェクトが同時に進行していることがよくあります。この時、組織としては、すべてのプロジェクトの成功を目指す必要があります。そのために、要員や設備のやり繰りが必要です。

二つ目は「現場への反映」です。例えば、新メニュー開発プロジェクトの場合、メニューができたからといって終わりではなく、それを安定的に提供できるようにすることが必要です。そのためには、手順や設備の整備、スタッフの訓練などが必要です。

三つ目は「次のプロジェクトの準備」です。全く同じプロジェクトは存在しませんが、似たプロジェクトはあります。その類似プロジェクトに備えて、終わったプロジェクトを反省し、事例や教訓をまとめるのです。それが「組織の資産」になります。

プロジェクトの成功と組織の成功

《一つのプロジェクトの成功の先にあること》

①すべてのプロジェクトの成功

②現場に反映

③次のプロジェクトの準備

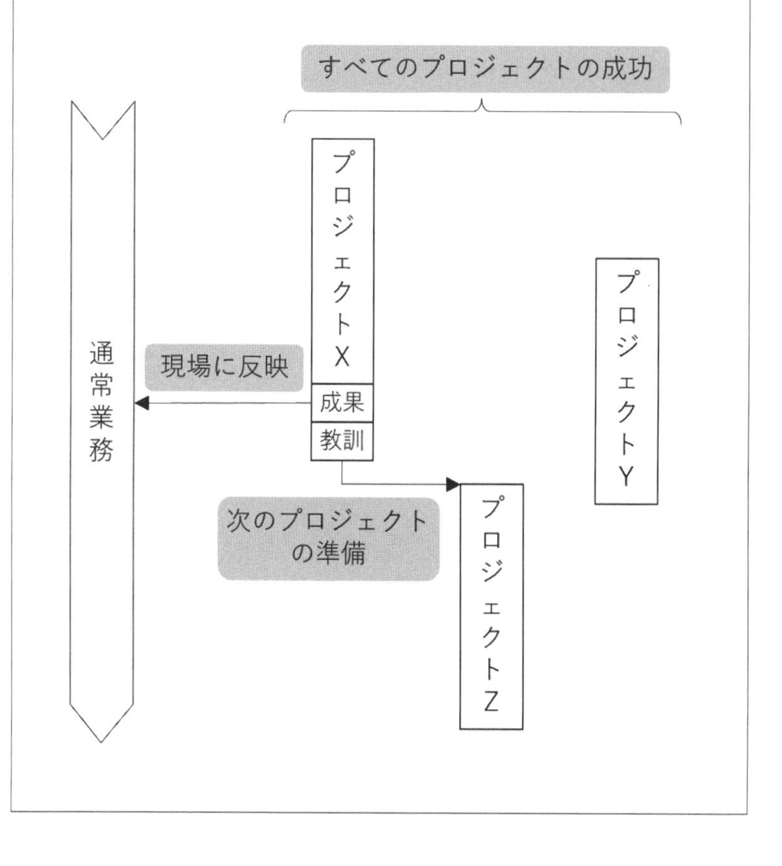

第六三回　プロセス成熟度

ここでの「プロセス」は、組織に存在する作業（物作り、サービス、管理など）のやり方だと思ってください。「成熟度」とはそのレベルです。技術力の高さではありません。実施・制御・学習などの状態のことです。ソフトウェア業界のＣＭＭＩ（Capability Maturity Model Integration）が有名ですが、他にもいろいろな場面でこの考え方が取り入れられています。

以下に、ＣＭＭＩにおける成熟度レベルを示します。

【レベル１：混沌とした状態】
作業が個人任せで、場当たり的で、管理されていない状態。

【レベル２：反復可能な状態】
同じような作業であれば、繰り返して行うことができる状態。

【レベル３：定義された状態】
作業工程が定義され、各作業のやり方が定められ、可視化されている状態。

【レベル４：管理された状態】
各工程において必要なデータが計測され、それによって作業が制御されている状態。

【レベル５：最適化している状態】
作業結果をもとに作業手順が見直され、プロセスが常に最適になっている状態。

プロセス成熟度は、あるレベルが定着していないと次のレベルに進めません。一気に数段飛び上がることはできないのです。

プロセス成熟度

組織のプロセスの成熟状態（実施・制御・学習など）を段階的に示したもの。

あるレベルが定着していないと、次のレベルに進むことができないとされる。

《ＣＭＭＩにおける成熟度モデル》

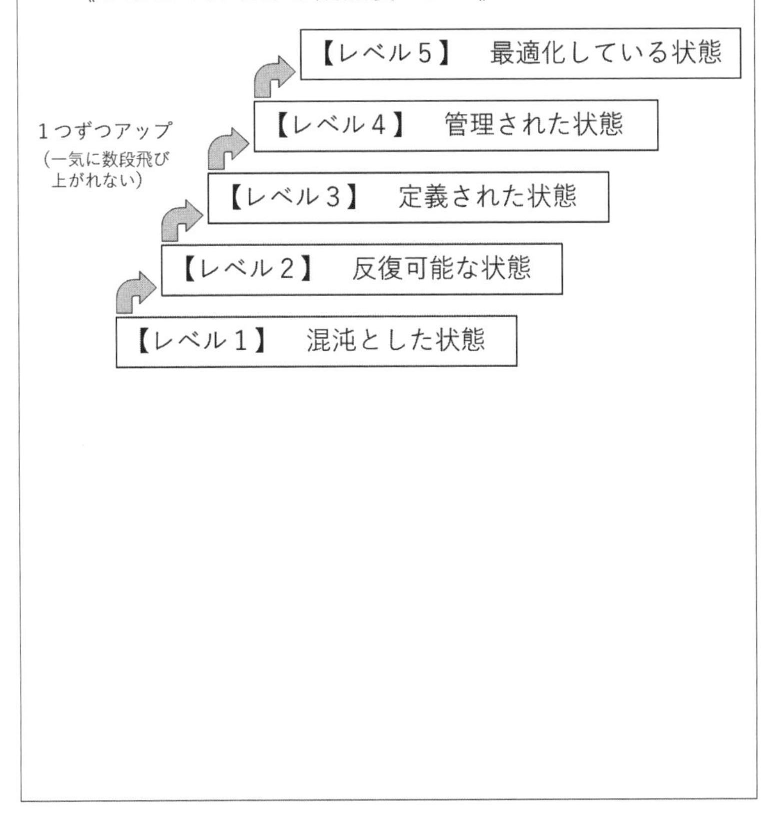

第六四回　技術者と技能者

今回は、原点に帰り「エンジニア」について述べたいと思います。

〝エンジニア〟を日本語にすると「技術者」ですね。似た言葉に「技能者」があります。どちらも工学に関する知識や経験を持つ人ですが、私は次のように区別しています。

【技術者】今までにないことを、知恵と工夫によって解決できる人。プロジェクトの説明と同じですね。つまり、身に付いた多くの知識や経験を組み合わせて、未知の問題や課題に取り組むことができる人です。

【技能者】あることに特化して、極めて高い生産性や品質を実現できる人。1つのことに集中して経験を積み、その技に磨きをかけた人です。いわゆる「テクニシャン」です。

つまり、知識や経験を「新たな領域に生かす」か「より深く極めるか」の違いです。簡単に言えば「広く」か「深く」かです。もちろん両方の能力を持った人もいますが、〝広く、深く〟はとても難しいことです。エンジニアを目指すならば、まず広い知識と経験を身に付け、その中から得意とするものを1つ極めましょう。そういう人を「T型人材」と言います。1つを極めたら2つ目を極める、それが「Π（パイ）型人材」です。そうして、極める領域を少しずつ増やしていくのです。

エンジニアとして、時には挫折することもあるでしょう。自分の進むべき道に悩んだとき、技術者と技能者のどちらを目指したいのか考えてみるのも良いかも知れません。

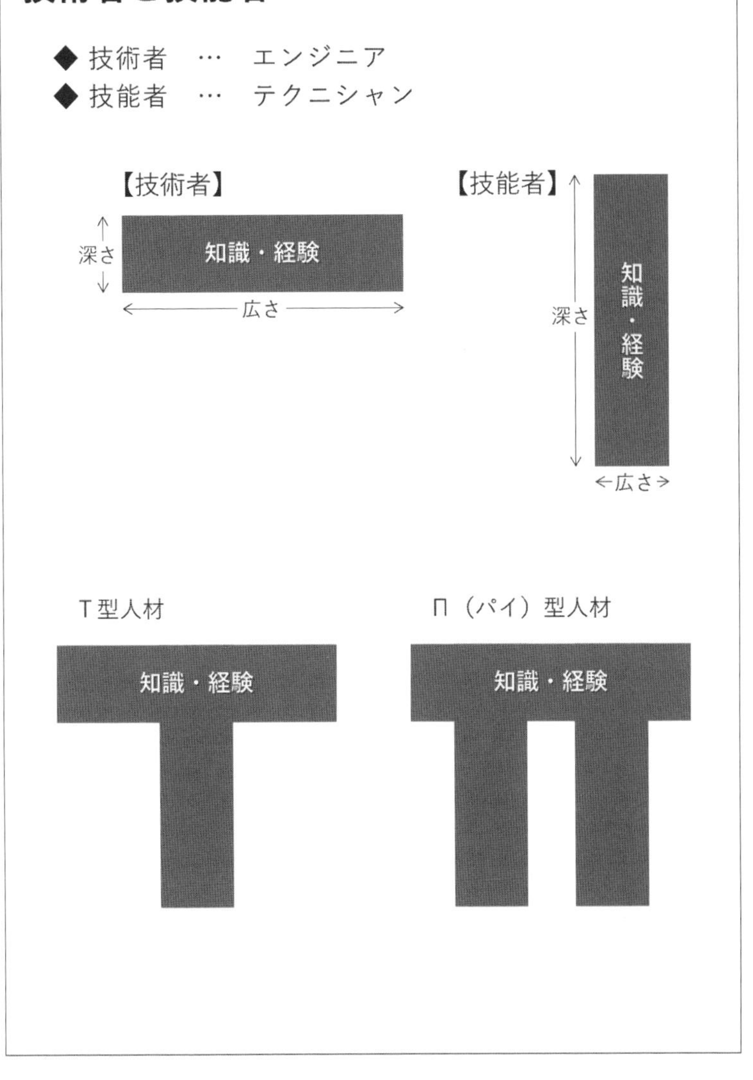
技術者と技能者
◆ 技術者　…　エンジニア
◆ 技能者　…　テクニシャン
【技術者】
深さ
知識・経験
広さ
【技能者】
深さ
知識・経験
広さ
T型人材
知識・経験
Π（パイ）型人材
知識・経験

第六五回　エンジニアの資質

どのような人がエンジニア（技術者）に向いているでしょうか？　私は、エンジニアにとって最も重要な資質は『ひらめき力』だと考えています。〃ひらめき〃とは、勘ではなく、身に付けた知識や経験を結び付けて新たなアイデアを思いつくことです。

発明王エジソンの「天才とは、1％のひらめきと99％の努力である」という言葉を聞いたことがあると思います。これを聞くと「ひらめきよりも努力が大切だ」と思うかも知れませんが、実はエジソンの真意は、「1％のひらめきがなければ99％の努力は無駄になる」のようです。ですが私は、やはり努力が大切だと思っています。それは、「99％の努力が1％のひらめきを生む」と考えるからです。皆さんは、歩いている時やトイレなどで突然アイデアが浮かぶことがありませんか？　一つのことについてずっと考え続けていると、何かの拍子に脳内の回路がつながって突然ひらめくのです。

ひらめき力は、努力しだいで身に付けることができます。その努力とは《知識や経験を増やす努力》と《考える訓練》です。知識や経験を増やす努力は勉強や仕事ですね。考える訓練とは、何に対しても「このときはどうなるだろう？」と考える癖を身に付けることです。これは、いつでも・どこでもできます。考え方が分からない人は「オズボーンのチェックリスト」がお勧めです。これに示されている9個の観点で、いろいろ考えてみてください。

エンジニアの資質

『ひらめき力』

身に付けた知識や経験を結び付けて、
新たなアイデアを思いつく力。

「天才とは、１％のひらめきと９９％の努力である」

➡ 「９９％の努力が１％のひらめきを生む」

《ひらめき力を身に付けるには》

・知識や経験を増やす努力
・考える訓練、考える癖

《オズボーンのチェックリスト》

① 転用 … 他にも使えないか？
② 応用 … 使えるものが他にないか？
③ 変更 … 変えたらどうなるか？
④ 拡大 … 大きくしたらどうなるか？
⑤ 縮小 … 小さくしたらどうなるか？
⑥ 代用 … 代わりになるものがないか？
⑦ 置換 … 置き変えたらどうなるか？
⑧ 逆転 … 逆にしたらどうなるか？
⑨ 結合 … 組み合わせたらどうなるか？

第六六回　見方を変える

この世界のあらゆることはつながっています。一見違うことでも見方を変えると、細かさ、空間、時間、因果などで皆つながっているのです。例えば、自分のことを考えてください。

《今どこにいますか？》　自宅、〇〇町、△△県、日本、アジア、地球、太陽系、銀河……

《体は何でできていますか？》　頭と胴と手足、骨と肉と皮、細胞、分子、原子、素粒子……

どれも正しいですね。

他の例も挙げます。水は、気体（水蒸気）、液体（雨）、固体（氷、雪）で存在しますが、みな酸素と水素でできています。雨は生物にとって必要なものですが、時に災害をもたらします。文明は大河の近くで誕生したと言われています。さらに、生命の起源である水の痕跡を求めて宇宙探査が行われています。つまり、分子工学も生物学も社会学も考古学も天文学も皆つながっているのです。学問とは、それらを部分的に切り取っているものなのです。

品質も同じです。

・品質の範囲は、物やサービス、仕事、やり方、経営など、様々なものがあります。
・品質特性には、信頼性、機能性、操作性、保守性など、いろいろあります。
・原因から結果が生じ、その結果が原因となって新たな次元の結果が生じます。
・目標は、ブレイクダウンすることで、実現可能なレベルの行動にできます。

考えている時は、無意識にこれらの一部分を切り取っているのです。考えに詰まったときは、見方（切り取り方）を変えてみましょう。きっと新たな発見（ひらめき）があります。

見方を変える

この世界のあらゆることは、皆つながっている。
考えている時は、無意識に一部分を切り取っている。
考えに詰まった時は見方（切り取り方）を変えてみる。

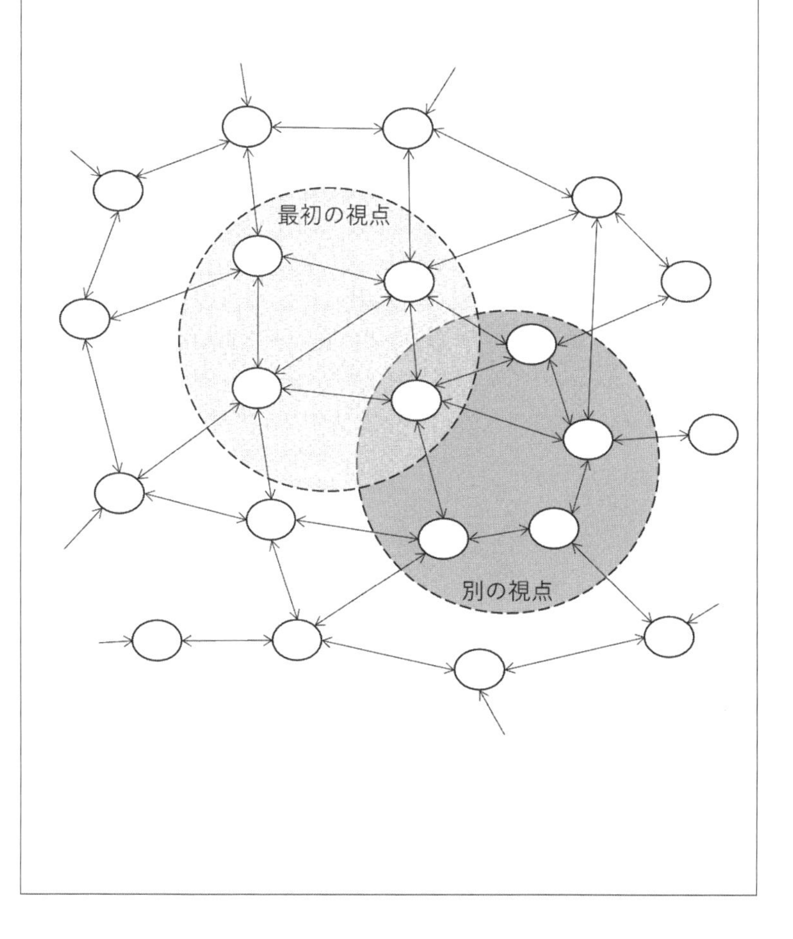

第六七回　最後に

　これまで述べてきたことは、エンジニアに関わる知識のほんの一部です。T型人材の「T」の、細くて短い横棒でしかありません。これから皆さんは、それを太く長いものにしていってください。そして、太くて長い縦棒を、１本、２本……と増やしていってください。

　好きなことはどんどんやりましょう。嫌いなことも、好きなこととどうつながっているかを考えれば楽しくなるかも知れません。いろいろなことに挑戦して、知識と経験を増やしましょう。ただ漫然とやるのではなく「こうするとどうなる?」と考えながらやりましょう。見方を変えてみましょう。発想を転換しましょう。正面から見えなくても、斜めからなら見えることがあります。こうして、知識と経験のネットワークを増やし、ひらめき力を鍛えましょう。

「成功した。良かった良かった」「失敗した。あーあ、残念」だけで済ますのはもったいない。成功したら、もっと上手くやることを考えましょう。失敗したら、次に活かしましょう。成功や失敗の体験を単なる出来事とするのではなく、知識や経験の一つとしましょう。

　成功をさらなる動機につなげ、失敗を成長の肥しとし、日々考え、努力し、優れたエンジニアになってください。そして、会社や社会に大いに貢献してください。期待しています。

「品質コラム」は今回で終了です。これまでお付き合いいただき、ありがとうございました。

最後に…

好きなことはどんどんやる。
嫌いなことは、好きなこととのつながりを考える。
いろいろなことに挑戦する。
すると、知識や経験が増える。技術の幅が広がる。

「こうするとどうなるだろうか？」
「もっと良いやり方はないだろうか？」
を考える。
見方を変える。発想を転換する。
すると、脳内ネットワークが増える。技術が深まる。

成功や失敗を繰り返し、優れたエンジニアになる。
そして、会社や社会に貢献する。

あとがき

本書は、ある物作りの会社において、技術者を目指す若い社員に向けて発信してきたコラムをまとめたものです。

長年勤めた会社を定年退職したあと、それまでとは少々分野が異なる会社に再就職しました。畑違いの作業に戸惑う中、これまでの経験を生かして何かお役に立てることがないかと考え、長年携わってきた『品質』をテーマに情報発信することを思い立ちました。とは言え、新しい会社はこれまで経験してきた業種とは異なるため、実務に関わる詳しい内容は書くことができません。そこで、若い社員に向けて「品質とは何か」「技術者として知っておいた方がよいこと」といった基本的なことを少しずつ知ってもらうための、メルマガ風のコラムを発信することにしました。ベテラン技術者にとってはごく当たり前なことを、初心者にも分かりやすく、また興味を持ってもらえるように工夫してきたつもりです。

週に一回、五～六百文字を目安に、約1年間テキストメールで発信し続けました。本書はその内容がベースになっています。今回、機会を得て出版するにあたり、網羅性に配慮して幾つかのテーマを新たに追加しました。また、理解の助けになるように、文章だけでなく授業での板書をイメージした補足ページも用意しました。

エンジニアになったばかり、あるいはエンジニアを目指している方々の、助けになることができれば幸いです。

エンジニアを目指す人のための品質コラム

2023年6月16日　第1刷発行

著　者　和久井敦司（わくいあつし）

表紙デザイン　御剣てい（みつるぎ）

発 行 者　太田宏司郎
発 行 所　株式会社パレード
大阪本社　〒530-0021　大阪府大阪市北区浮田1-1-8
TEL 06-6485-0766　FAX 06-6485-0767
東京支社　〒151-0051　東京都渋谷区千駄ヶ谷2-10-7
TEL 03-5413-3285　FAX 03-5413-3286
https://books.parade.co.jp
発 売 元　株式会社星雲社（共同出版社・流通責任出版社）
〒112-0005　東京都文京区水道1-3-30
TEL 03-3868-3275　FAX 03-3868-6588
印 刷 所　創栄図書印刷株式会社

ISBN 978-4-434-31463-6　C3055